Heidelberger Taschenbücher Band 53

H. M. Rauen

Biochemie-Übungsfragen

Springer-Verlag Berlin Heidelberg GmbH

Professor Dr. H. M. Rauen
Physiologisch-Chemisches Institut der Universität
44 Münster, Waldeyerstr. 15

ISBN 978-3-540-04548-9   ISBN 978-3-662-01113-3 (eBook)
DOI 10.1007/978-3-662-01113-3

Titel-Nr. 7583

1163 Übungsfragen
zur Vorbereitung auf das Examen
für Physiologische Chemie

„Für Examenserfolg fit —
Gegen Examensangst immun"

Einführung

Wenn man in etwa 20jähriger Lehrtätigkeit nahezu 2000 Prüfungskandidaten in ihrer von konstitutioneller Sicherheit über normalen Spannungszustand bis zu existentieller Angst reichenden Examensreaktion in Physiologischer Chemie geprüft hat, überlegt man sich, ob die Kandidaten unter gleichen Bedingungen die Prüfung angetreten haben.

Unter „gleichen Bedingungen" verstehe ich nicht die — so notwendige — Vielfalt individueller Fähigkeiten mit psychologischen Manipulationen einzuschränken, sondern im Gegenteil, diese zu stützen und zu entwickeln. „Gleiche Bedingungen" soll heißen, mit einem Lernsystem zu arbeiten, das jedem sozusagen die gleiche „technische Ausrüstung" gibt, um darauf seinen intellektuellen Stil aufzubauen.

Diese Überlegung bildete den Ausgangspunkt zu der Sammlung von Übungsfragen in Biochemie *. Schon aus Titel und Gestalt der Sammlung geht hervor, daß es sich nicht um vorgefertigte Einheiten wie Examensfrage plus Antwort handelt. Damit wäre weder dem Kandidaten noch seiner späteren Aufgabe gedient. Vielmehr ist diese Sammlung im Sinne eines „Planspiels" gestaltet, dessen Fakten sich auf den Lehrstoff des Kollegs beziehen, und dessen Form der des Examens entspricht.

Dieses „Planspiel" umfaßt das Gebiet der Biochemie und streift die angrenzenden Fächer wie Ernährungslehre, Klinische Biochemie, Physiologie, Pathophysiologie und Innere Medizin. Der Stoff ist in einzelne Fragen aufgeteilt, die so aufeinanderfolgen, daß sie zwar ineinander verzahnt sind, jedoch absichtlich nicht jeweils ein Gebiet geschlossen behandeln, damit nicht ein Reflexvorgang von Auswendiggelerntem ausgelöst wird. Hat der Studierende sich das Grundwissen durch Ausarbeiten der Kollegnotizen anhand entsprechender Lehrbücher angeeignet, so nimmt er das Planspiel zur Hand und kontrolliert sein Wissen, indem

---

* Folgende Bücher wurden bei der Zusammenstellung der Übungsfragen zu Rate gezogen: Rapoport, S. M.: Medizinische Biochemie, VEB-Verlag Volk und Gesundheit, 4. Aufl., Berlin 1966; Karlson, P.: Kurzes Lehrbuch der Biochemie, Thieme-Verlag, Stuttgart, 6. Aufl. 1967; Mahler, H. R. u. E. H. Cordes: Biological Chemistry, Harper u. Row, New York, Evanston u. London + J. Weatherhill, Inc. Tokio, 1967.

er die Fragen systematisch durcharbeitet. Dieser stumme Fragepartner, jederzeit griffbereit, deckt unerbittlich schwache Stellen auf, mahnt immer wieder, Wissenslücken zu beseitigen und im Lehrbuch nachzuschlagen. Andererseits ermuntert er durch Starthilfen für die Antwort und weckt Neugier und Lernfreude durch richtig gefundene Resultate. Doch außer ständigem Memorieren heißt es, Formeln zeichnen, ständig zeichnen, nichts prägt besser ein!

Die klaren Fragen fordern präzise Antworten. So wird der Kandidat schon während der Vorbereitung an die im Examen übliche Verfahrensweise gewöhnt, und er kommt ganz selbstverständlich zu jener Formulierungsdisziplin, die Mißverständnisse zwischen Prüfer und Kandidat vermeiden hilft. Ebenso selbstverständlich wird der nach diesem System Arbeitende sich angewöhnen, auf komplette Fragen in kompletten Sätzen zu antworten.

Die berechtigte Erkenntnis, daß es an der Zeit sei, durch Re-Formierung Lehre und Forschung den derzeitigen Erfordernissen anzupassen, entbindet den Studierenden nicht von der Notwendigkeit, den Wissensstoff selbst zu erarbeiten. Der „Transfer des Lehrwissens in das Lernwissen" muß von jedem neu vollzogen werden und keine psychologische Hilfsmaßnahme vermag diesen aktiven geistigen Prozeß zu ersetzen. Möge diese Fragensammlung zur Erleichterung und Systematisierung dieses Vorganges beitragen!

Münster/Westfalen, Januar 1969   H. M. RAUEN

Welche Eigenschaften prädestinieren das Wasser als besonders gutes Lösungsmittel?

Zunächst diese Eigenschaften, dann Beschreibung des Phänomens der Hydratation von Mikromolekülen, Ionen und Makromolekülen und seine besondere Befähigung als Reaktionsmedium für die lebende Zelle.

Die homologe Reihe der geradzahligen, gesättigten, aliphatischen Fettsäuren.

Wie weit „hinauf" kennen Sie sie? Mindestens bis C_{18}! — Sie schreiben sie in vereinfachter Formelschreibweise hin. Warum verwenden Sie eine Zickzackschreibweise? — Denken Sie stets an die Valenzwinkelung des Kohlenstoff-Atoms!

Charakterisierung der als Kohlenhydrate bezeichneten Stoffklasse.

Ausgehend von der historischen Bedeutung ($C_n(H_2O)_n$), systematische Entwicklung von Triosen (Aldo-, Keto-), Tetrosen usw., Mono-, Di-, Trisaccharide, Oligosaccharide, Polysaccharide. — Neuere Nomenklatur: Glycane: Homo-, Heteroglycane.

Aus der Beschäftigung mit Physik und Chemie sind Ihnen noch die Gasgesetze bekannt. Da wir sie auch zur Erklärung mancher Phänomene der Lebensvorgänge brauchen, wollen Sie sie jetzt kurz aber erschöpfend wiedergeben.

1. *Boyle-Mariotte* — 2. *Gay-Lussac* — 3. *Avogadro* (zur Erklärung des einheitlichen Verhaltens der Gase) — 4. *Dalton* — 5. *Henry*.

Das gemeinsame Strukturcharakteristikum aller α-Aminosäuren und der sich daraus ableitenden chemischen Eigenschaften.

Nur eine hat kein asymmetrisches C-Atom, alle anderen gehören der gleichen sterischen Reihe an. — Alle der Aminogruppen charakteristischen Reaktionen. — Alle der Carboxylgruppen charakteristischen Reaktionen.

Die Definition des pH nach *Sörensen*.

Gibt es streng genommen einen „negativen" Logarithmus?

Von welcher C-Anzahl an treffen wir geradzahlige gesättigte aliphatische Fettsäuren als Bestandteile natürlicher Neutralfette an?

Ist Essigsäure schon Bestandteil von Neutralfetten? — Essigsäurereste als N-Acetyl- oder S-Acetyl-Derivate zählen hier natürlich nicht.

Beim Molekelaustausch zwischen Zellen und umgebendem Milieu spielen Diffusionsvorgänge eine große Rolle. Bitte beschreiben Sie die diesem Vorgang zugrunde liegenden physikalischen Gesetze.

Welcher Unterschied besteht zwischen Diffusion und Osmose?

Die mit * versehenen Übungsfragen sind Empfehlungen für die Spitzengruppe.

Theoretische Ableitung von Aldosen und Ketosen aus den korrespondierenden mehrwertigen Alkoholen.

> Dehydrierung an verschiedenen C-Atomen. — Optisch aktive For-
> men, Bezeichnung? — Zugehörigkeit zu einer „Reihe" und fak-
> tische Drehung des polarisierten Lichtstrahls.

In welchem Zustand liegen die Aminosäuren nicht nur in kristallisierter
Form, sondern auch in wäßriger Lösung vor? Es ist von besonderer
biochemischer Bedeutung.

Die Baueinheit der Nucleinsäuren ist das Nucleotid. Wodurch unterscheiden sich die Nucleotide der Ribonucleinsäuren und der Desoxy-
ribonucleinsäuren qualitativ voneinander?

> Durch Zuckereinheiten und durch die Baseneinheiten. — Welche
> Zucker und in welcher Molekelform? — Unterschiede in der Basen-
> zusammensetzung auch in der Puringruppe oder nur in der Pyri-
> midingruppe?

Welche N-Acetyl- oder S-Acetyl-Derivate kennen Sie und was wissen
Sie von ihren Funktionen?

> N-Acetyl? Steht hierbei der Säurerest auf einem höheren Gruppen-
> übertragungspotential? Möglichst viele N-Acetyl-Derivate sollen
> Ihnen einfallen. — S-Acetyl? Gleiche Fragen wie oben. Gibt es nur
> eine wichtige oder mehrere wichtige S-Acetyl-Verbindungen?

Der osmotische Druck ist ebenfalls von fundamentaler biologischer Bedeutung. Was wissen Sie von ihm und den Gesetzen, denen er gehorcht?

> Ableitung aus dem Raoultschen Gesetz. — Was sind Osmolarität
> und osmolare Gefrierpunktserniedrigung? — Was verstehen wir
> unter isosmotisch bzw. isotonisch, hypotonisch, hypertonisch? —
> Was bezeichnen wir als kolloid-osmotischen oder onkotischen
> Druck?

Hat Ameisensäure bzw. ihr Säurerest metabole Bedeutung für das
höhere Säugetier?

> Wie heißt dieser Säurerest? Welches „Vehikel", ein Coenzym, ken-
> nen Sie, das diesen Säurerest gebunden enthält? — Wie heißt das
> Holoenzym, dessen Funktion es ist, diesen Säurerest zu transferie-
> ren? — Kann dieser Säurerest, der ja eine C_1-Verbindung darstellt,
> aus einer anderen C_1-Verbindung gebildet werden und geht er
> selbst wieder in ein anderes C_1-Fragment über? — Sie memorieren
> jetzt am besten den Gesamtvorgang des C_1-Transfers.

Wir systematisieren die biochemisch bedeutungsvollsten Aminosäuren,
nicht nur, um sie leichter behalten zu können, sondern auch, weil sich
hieraus besondere metabole Beziehungen herleiten lassen.

> Hauptgruppen: aliphatische, nichtaliphatische. — Untergruppen:
> aliphatische: neutrale (einmal C_2; dreimal C_3; dreimal C_4; zwei-
> mal C_5; zweimal C_6), saure: (einmal C_4; einmal C_5) und basische:

(dreimal C_6). — Nichtaliphatische: zwei carbocyclische, zwei heterocyclische und schließlich Iminosäuren. — Nun nach dieser Systematik alle in den ionisierten Formen aufschreiben.

Die Grundstruktur des Pyrimidins und des Purins, dann die sich von beiden ableitenden Basenbestandteile der Ribonucleinsäure und der Desoxyribonucleinsäure.
  „Hauptbasen" und „Nebenbasen". Durchnumerierung der Ringsysteme.

Welche pH-Werte ergeben eine 1 M-, eine 0,1 M- und eine 0,01 M-Lösung von einer starken einbasischen Säure, die gleich konzentrierten Lösungen einer starken einsäurigen Base und reines Wasser?

Die Eigenschaften der Aminosäuren als Zwitterionen.
  Beschreibung der charakteristischen Eigenschaften eines Zwitterions allgemein. — Dissoziationsgleichung nach dem Brönstedschen Modus. — Dissoziationskonstanten der einzelnen Gruppen.

Welches ist die einfachste aliphatische Dicarbonsäure?
  Ist es eine „starke" oder eine „schwache" Säure? — Kommt ihr metabole Bedeutung beim höheren Säugetier und bei Bakterien zu oder wirkt sie bactericid?

Entwickeln Sie das Formelbild der D-Glucose aus der Fischerschen Schreibweise in das des perspektivischen Halbacetal-Modells nach Haworth.
  Valenzwinkel der C-Atome! — Ringschluß unter H-Wanderung.

Formulieren Sie den Ausdruck für die Dissoziationskonstante einer schwachen einbasischen Säure und einer schwachen einsäurigen Base in wäßriger Lösung, sowie von reinem Wasser.
  Nach den allgemeinen Formulierungen sollten Sie auch einige numerische Größen der Dissoziationskonstanten von 1 M wäßrigen Lösungen der beiden Beispiele und von reinem Wasser hinschreiben.

Zeichnen Sie die Verläufe der Titrationskurven von Glycin, Lysin und Glutaminsäure in einem Diagramm hin.
  Abszisse: pH; Ordinate: Val Säure bzw. Base.

Beschreiben Sie bitte die „Polarität" der beiden DNA-Stränge.
  Sind sie gleichläufig oder gegenläufig? — Wie kann man die „Läufigkeit" durch einfache Symbole schriftlich festlegen?

Was versteht man unter Halbacetal und Vollacetal?
  Am Beispiel der Furanose- und Pyranoseformen von Hexosen erläutern.

Leiten Sie die Henderson-Hasselbalch-Gleichung ab.

Was beobachten Sie, wenn Sie eine schwache Säure mit einer starken Base titrieren? — Wann liegt Elektroneutralität vor? — Und nun logarithmieren Sie zur Vereinfachung. Welche Bedeutung hat der Ausdruck pK_a?

Beschreiben Sie den isoelektrischen Zustand einer Aminosäure und definieren Sie den isoelektrischen Punkt.

Sie gehen von den beiden Gleichungen nach dem MWG für die Dissoziationskonstante aus und entwickeln weiter bis zum endgültigen Ausdruck, der die beiden Konstanten einbezieht.

Schildern Sie die Löslichkeitseigenschaften der Lipoide.

Begriffsunterschiede zwischen Lipiden und Lipoiden? — Was versteht man unter Hydrophilie und Lipophilie? — Welche Stoffklassen ordnet man nach diesen Löslichkeitseigenschaften? — Gibt es in lebenden Zellen hydrophile und lipophile Räume?

Erläutern Sie die Strukturunterschiede zwischen α-D-Glucose und β-D-Glucose.

Übergangsform ist al-D-Glucose. Welche spezifischen Drehungen der beiden extremen Glucoseformen? In wäßriger Lösung von Glucose liegen nach Gleichgewichtseinstellung mindestens fünf verschiedene Molekelformen der Glucose vor, welche? — Wieso Gleichgewichtseinstellung?

Was verstehen wir unter einem Puffersystem?

Sie beschreiben zunächst den Vorgang einer Pufferwirkung empirisch, gehen dann zur mathematischen Formulierung nach *Henderson-Hasselbalch* über und erläutern an diesem Ausdruck, wann maximale Pufferkapazität vorliegt.

Über welchen pH-Bereich vermag ein äquimolares Gemisch aller Aminosäuren zu puffern und aus welchen einzelnen Eigenschaften?

Sie überlegen, welchen Streubereich die pK-Werte der einzelnen dissoziablen Gruppen der Aminosäuren haben.

Die Bindungsform der Fettsäuren in Neutralfetten.

Definition der Neutralfette. — Welche andere Bindungsarten von Fettsäuren an Trägermoleküle kennen Sie außer der Esterbindung noch?

Beschreiben Sie das Prinzip eines Polarimeters zur Messung der optischen Aktivität von Substanzen mit asymmetrischen C-Atomen.

Schreiben Sie die drei Glyceride hin, wobei Sie eine allgemeine Formulierung für gesättigte geradzahlige und ungesättigte geradzahlige aliphatische Fettsäuren verwenden.

Sind die natürlich vorkommenden Fette einheitliche chemische Verbindungen oder ist es ein Gemisch?

Was ist Mutarotation und wie kommt sie zustande?

Zunächst die „spontane" Mutarotation erklären. — Gleichgewichtseinstellung. — Auch die spezifischen Drehungen von D(−)-Glucose und D(+)-Glucose nennen und die Drehungsänderungen, von beiden ausgehend bis zum Gleichgewicht, als Diagramm hinzeichnen. Dann erwähnen, daß es auch ein Enzym gibt, die Mutarotase, die die Gleichgewichtseinstellung beschleunigt. Wie verlaufen die Kurven mit und ohne Enzymwirkung?

Was weisen Sie mit der Millon-Reaktion nach und wie führen Sie sie durch?

Welche Strukturänderung spielt sich beim Erwärmen einer wäßrigen DNA-Lösung ab?

Bei Proteinlösungen spricht man von „Denaturierung". Sie wollen bitte alle bei der DNA ablaufenden Grundprozesse beschreiben und dann schildern, in welchem Zustand die beiden DNA-Stränge vorliegen, wenn man eine erwärmte DNA-Lösung plötzlich abkühlt. Bestehen andere Molekelanordnungen, wenn man die erwärmte DNA-Lösung langsam abkühlt? Gibt es hierbei wenigstens teilweise eine „Renaturierung" und wie stellen Sie sich den molekularen Mechanismus dieses Wiederherstellungsvorgangs vor?

Was ist Steran?

Cyclopentano-perhydrophenanthren. Bitte die Formel aufzeichnen und richtig durchnumerieren, die vier Ringe richtig bezeichnen. — Welche Ring-Isomerien?

Von *Brönsted* stammt eine besondere Form zur quantitativen Beschreibung eines Dissoziationsgleichgewichts. Geben Sie die dieser Formulierung zugrunde liegende Definition einer Säure und einer Base, und schließlich den Ausdruck, dem ein solcher Vorgang gehorcht.

Wie bezeichnet man die hydrolytische Spaltung der Esterbindungen von aliphatischen Fettsäuren und Glycerin?

Formulieren Sie diesen Vorgang. — Was sind Seifen und wie stellt man sie her? — Durch welchen Zusatz kann man diese Spaltung katalysieren?

Allgemeine physikalisch-chemische Eigenschaften der Monosaccharide.

Löslichkeit in Wasser, lipoiden Lösungsmitteln, Fetten; Geschmack, Geruch; Reduktion, Oxydation, Äther-, Ester-, Anhydridbildung u. a. — Aldehyd- oder Ketogruppen-Nachweis in wäßriger Lösung ohne Erhitzen, mit Erhitzen.

Beschreiben Sie die Xanthoprotein-Reaktion.

Können Proteine in der lebenden Zelle auch unter Umkehrung der Proteinhydrolyse entstehen?

Zwei Fragen wären zu untersuchen: Sequenz der Aminosäuren und Energetik der Peptid-Bindung.

Was ist Ölsäure, Linolsäure, Linolensäure und Arachidonsäure?
Schreiben Sie die Formeln unter Verwendung der vereinfachten Zickzack-Schreibweise hin, berücksichtigen Sie aber die räumliche Bindungsanordnungen an den Doppelbindungen. — Cis- oder trans-? — Welches natürliche Material ist besonders reich an höheren ungesättigten geradzahligen aliphatischen Fettsäuren?

Was ist der Unterschied zwischen Fetten und Ölen?
Die lapidarsten Fragen sind am schwierigsten zu beantworten.

Strukturunterschiede von Glucose, Fructose, Mannose, Galaktose?

Kennen Sie eine Farbreaktion auf Arginin?

Welche Purinbasen sind nicht Basenbestandteile von Nucleinsäuren?
Solche, die im Intermediärstoffwechsel auftreten. — Endprodukte des Purinstoffwechsels. — Pflanzliche Purine mit pharmakologischen Wirkungen.

* Das Metallionen-Ligand-Gleichgewicht spielt im Zellgeschehen eine große Rolle. Formulieren Sie es als Spezialform eines Dissoziationsgleichgewichts.
Beispiel: Metallion-Protein-Komplex — Metallion-Nucleinsäuren-Komplex. — Bei welchen Proteinen trägt das Metallion entscheidend zur Stabilisierung der Proteintertiärstruktur bei? — Welche Metalloproteide sind Ihnen bekannt? — Auch die Assoziation des ATP mit Metallionen ist von großer Bedeutung, als Beispiel für Zwischenwirkungen von Metallionen mit einfacheren organischen Molekeln. — Zwischenwirkungen von einem Metallion mit einem oder mit mehreren organischen Liganden? — Kann man anhand der Stabilitätskonstanten von bivalenten Metallionen-Ligand-Komplexen die Metallionen in eine Reihe ordnen, die für die meisten Komplexe unabhängig von der chemischen Natur der organischen Liganden gilt? — Betätigen sich bei solchen Komplexen nur eine oder auch mehrere Bindungsstellen der organischen Liganden? — Was ist ein Chelat?

Was verstehen Sie unter Vitamin F?
Diese Bezeichnung ist nicht allzu gebräuchlich, doch erinnert F nicht an Fettsäuren? — Gibt es in der Tat Fettsäuren, die Vitamincharakter besitzen? — Sie memorieren: Vitamine sind organische Substanzen, die in geringen Mengen (außerhalb der Größenordnung der Hauptnährstoffe) vom lebenden Organismus benötigt, aber nicht selbst synthetisiert werden können und bei deren Fehlen sich bestimmte Ausfallserscheinungen zeigen.

Die wichtigsten Phosphorsäureester von Glucose und Fructose.
Sind auch Phosphorsäureester der OH-Gruppen an C_2 bis C_5 der Glucose bekannt? — Wäre ein Phosphorsäureester an C_2 der Fructose denkbar? Perspektivische Haworth-Schreibweise anwenden.

Welche Farbreaktionen zum Nachweis auf SH-Gruppen kennen Sie?

Welche besondere Bedeutung haben die ungesättigten C_{20}-Säuren?
Gibt es Substanzklassen, die C_{20}-Säuren direkt als Bausteine gebunden enthalten? — Gibt es Umsetzungsprodukte ungesättigter C_{20}-Säuren mit bestimmten regulatorischen Aufgaben?

Formulieren Sie die Reaktion einer Aldose und einer Ketose mit Phenylhydrazin.
Wieviele Molekeln des Reagens sind einzusetzen? Warum muß man bei der praktischen Durchführung dieser Reaktionen mit Natriumacetat abstumpfen? Welche Reaktionsprodukte entstehen?

Auf Tryptophan gibt es drei und auf Tyrosin gibt es vier Farbreaktionen. Welche sind das?

Von Xanthin leiten sich einige pflanzliche Methylderivate mit pharmakologischen Wirkungen ab? Welche sind es und worin kommen sie vor?

Was besagt das Massenwirkungsgesetz nach *Guldberg-Waage?*
Allgemeine Formulierung, nicht nur für den einfachsten Fall äquimolarer Reaktionspartner einer doppelten Umsetzung, sondern mit willkürlich angenommenen Größen.

Was sind Prostaglandine chemisch und welche biologische Rolle spielen sie?
Sie erinnern sich an die Beziehung mehrfach ungesättigter aliphatischer C_{20}-Säuren zu dieser Stoffklasse? — Welche chemischen Umänderungen müssen an den ersten vorgenommen werden, damit die letzteren entstehen?

Was ist Epimerie und welche Epimere der Hexosen kennen Sie?
Zunächst etymologische Ableitung, dann drei Hexosen hinschreiben, die in alkalischer wäßriger Lösung spontan ineinander übergehen. Von welchem Molekelteil ab herrscht Epimerie?

Wie verläuft die Ninhydrin-Reaktion und für welche Molekelgruppen ist sie charakteristisch?

Bauprinzipien von Nucleosiden und Nucleotiden.
Zwei Gruppen, je nach Natur des Pentosebestandteiles. — Nomenklatur: Direktnamen und Trivialnamen.

Die Isomeriemöglichkeiten der Substituenten am Steran-Skelett.
Worauf bezieht man die Raumstellung an Substituenten, um ihre relative Raumlage angeben zu können?

Der wichtigste Prozeß bei der Margarine-Herstellung.
Der Hauptbestandteil eines der wichtigsten Nahrungsfette, der Margarine, und wie gewinnt man ihn großtechnisch?

Welche Verbindungen entstehen beim Kochen wäßriger Lösungen von
Hexosen und Pentosen mit starker Salzsäure?
> Gibt es auch Farbreaktionen auf die Reaktionsprodukte und damit
> auf die Ausgangsmaterialien, mit welchen Chromophoren und wie
> heißen die Reaktionen?

* Welche Bedeutung kommt der Analyse von Aminosäuren durch
1-Fluor-2,4-dinitrobenzol zu und wie verläuft diese Reaktion?

Die bekanntesten Nucleosidmono-, di- und triphosphate und ihre
metabolen Funktionen.
> Solche der Pyrimidin- und der Purinreihe.

Was verstehen wir unter den Gleichgewichtsbedingungen einer chemischen Reaktion?
> „Dynamische" Formulierung als Quotient entgegengesetzt gerich-
> teter Reaktionsgeschwindigkeiten. Definition der Gleichgewichts-
> konstanten.

Gibt es optisch aktive Triglyceride?
> Wenn ja, welches ist das asymmetrische C-Atom und wodurch ist
> es zum asymmetrischen geworden?

Beschreiben Sie die wichtigsten Kondensationsreaktionen, die zur quali-
tativ-analytischen Unterscheidung von Hexosen und Pentosen dienen.
> Beim Kochen wäßriger Lösungen der „Zucker" in starker Salz-
> säure entstehen...? Diese Intermediate reagieren mit...zu (wie
> gefärbten) Farbstoffen?

* Zur Endgruppenbestimmung von Oligo- oder Polypeptiden verwendet
man eine Reaktion von Aminosäuren mit Phenyl-isothiocyanat zu den
korrespondierenden Phenyl-thiohydantoinen. Wie verläuft diese Reaktion und welche der beiden endständigen Aminosäuren eines mehr-
gliedrigen Peptids kann man durch diese Reaktion charakterisieren?

Aus welchen Stoffen besteht das Adenylsäuresystem und wie gehen sie
ineinander über?
> Man zeichne einen Kreisprozeß, an den noch die „Komponenten"
> P_i (anorganisches Phosphat) und E (Energie) angefügt werden
> müssen.

Welche Konformationen eines Cyclohexan-Ringes kennen Sie?
> Substituentenstellung äquatorial oder axial?

Was verstehen wir unter der freien Energie und der Standard freien
Energie einer chemischen Reaktion?
> Wenn die Reaktion einem Gleichgewicht zustrebt, was kann man
> dann aus der numerischen Größe der Gleichgewichtskonstanten be-
> rechnen? — Warum gebrauchen wir den Ausdruck ΔG_0?

Was sind Wachse?
Allgemeines Bauprinzip. — Bienenwachs, Walrat.

Formulieren Sie die Entstehung von Gluconolacton und daraus von Gluconsäure aus Glucose.

Die Halbwertszeiten der einzelnen Körpereiweißgruppen sind voneinander recht verschieden. Nennen Sie einige davon, die sich besonders rasch, und andere, die sich besonders langsam erneuern.
Schneller Eiweißumsatz in den stoffwechselaktiven Organen, also: Blutplasma, Leber, Darmepithel ($\sim$70% der Mucosazellen werden pro Tag erneuert!) und Pankreas. Aber welche Proteine in ihnen? — Wie lange leben die Erythrocyten? Und Bindegewebe?

Es gibt einige funktionell bedeutungsvolle Dinucleotide, die sich aus einem speziellen Mononucleotid durch Anfügen des Adenylsäurerestes ergeben. Welche sind es und welche Funktionen haben sie?
Hydridionentransfer, 2H-Transfer, Acyltransfer.

Gibt es auch natürliche Vorkommen höherer ungeradzahliger und methylverzweigter Fettsäuren?

Beschreiben Sie die allgemeine biologische und die metabole Bedeutung der Neutralfette.
Depotfett: Welches sind die hauptsächlichsten Fettdepots? — Leberfett: Umsatzgrößen zwischen den ersteren und diesem, Hauptbedeutung des Leberfettes?

Welche Triosen, Tetrosen und Pentosen sind Ihnen bekannt?
Nicht nur die Namen nennen, sondern auch die Strukturformeln hinmalen und genetische Beziehungen erläutern. Am besten auch gleich die wichtigsten Phosphorsäureester.

Wieviel Gramm Eiweiß werden pro Tag von einem ausgewachsenen Menschen neu gebildet? Wieviel kommt davon auf Leber und Blut?
Bei Körpergewichtskonstanz muß im Tage die gleiche Menge abgebaut werden. Die Zahlen beleuchten die „Dynamik des Eiweißes" im lebenden Körper.

Sie wollen bitte die Verdauungsvorgänge am denaturierten Nahrungseiweiß nach einer Mahlzeit beschreiben.
Warum denaturiert? — Gruppenbezeichnung der Enzyme? — Dieselben im einzelnen in der zeitlichen Reihenfolge der Einwirkung. — Enzymvorstufen, Aktivierungsvorgänge. — pH-Optima. — Spaltprodukte.

Beschreiben Sie genau den Aufbau der Desoxyribonucleinsäure, denn er ist von fundamentaler biologischer Bedeutung.
Raumanordnung. Nennen Sie den einen Strang „Watson" und den anderen Strang „Crick". Verbindungs„klammern" zwischen den

einzelnen Nucleotidresten deren Raumstellung zueinander, Verbindungsmodus zwischen ihnen, molare Verhältnisse der Basen zueinander, Teilchengewichte des Ganzen (Größenordnung). Identische Reduplikation und Transkription gehören nicht hierher.

Durch welche Enzyme werden Esterbindungen zwischen Alkoholen und höheren Fettsäuren gespalten?
> Chemischer Mechanismus dieser Spaltung, Enzymgruppe, Trivialname dieser Enzyme. — Können sich durch Katalyse dieser Enzyme auch Esterbindungen bilden?

Wo erfolgt beim Durchgang der Speise durch den Magen-Darm-Kanal zuerst Ester-Hydrolyse der Neutralfette?
> Verschiedene Provenienz der Lipasen. Drei Lipase-Vorkommen mit unterschiedlichen Affinitäten.

Welches Kohlenhydrat können Sie mit fuchsinschwefliger Säure direkt nachweisen und welche nicht?
> Welche Molekelstruktur ist Vorbedingung für die Farbbildung mit diesem Reagens?

Zu welcher Enzymgruppe gehören die Lipasen und welche Bindungen werden unter ihrer Katalyse gespalten?
> In welchem Zustand müssen die Neutralfette vorliegen, damit die Lipasen überhaupt spaltend angreifen können und welche Hilfsstoffe sind notwendig, um diesen Zustand zu erwirken? — Welcher Stoff wird bei der Esterspaltung von Neutralfetten unter Einbau verbraucht?

Beschreiben Sie die Reaktionsmechanismen der Trommerschen, der Fehlingschen und der Nylanderschen Proben.

Welcher Reaktionsmechanismus liegt der Feulgenschen Kernfärbung zugrunde?
> Zunächst hydrolytische Aufspaltung welcher Bindungen in welcher hochmolekularen Substanz der Zellkerne? — Dann: Reagens. — Warum gerade Reaktion mit diesem Baustein (was färbt an C_2)?

Was können Sie aus der Feststellung schließen, daß die Standard freie Energie einer chemischen Reaktion eine negative oder eine positive Größe ist?

* Berechnen Sie aus der Gleichgewichtskonstanten für die Reaktion Äthylacetat$+H_2O \rightleftharpoons$ Essigsäure$+$Äthanol zu $K = 0{,}33$ die Standard freie Energie.
> 1. Formulierung bei Berücksichtigung der Aktivität des Wassers zu 55 M (wie also?). — 2. Nach Übereinkunft wird die Aktivität des Wassers gleich 1 gesetzt, daher andere Formulierung. — 3. Bis jetzt wurde Essigsäure als Reaktionsprodukt angenommen. Bei pH 7

entsteht aber Acetat. (Reaktionsgleichung und Ausdruck für Reaktionsgleichgewicht formulieren wir also unter Berücksichtigung der Dissoziationskonstanten.)

Nennen und beschreiben Sie die Ihnen bekannten Phosphorsäureester der Ribose und der Desoxyribose.

Welche Hexosen bilden die gleichen Osazone?

Es gibt mehrere Arten von RNA. Ihre Charakteristiken als Molekeln und ihre Funktionen wären im einzelnen zu beschreiben.
    Zwei Einheiten r-RNA. — Wieviele m-RNA? — Wieviele t-RNA sind maximal möglich?

Welche Verbindungsgruppen zählt man zu den Steroiden?
    Nicht nur Aufzählung, sondern auch kurze Charakterisierung.

Was ist Katalyse?
    Ist es nur Beschleunigung einer bereits ablaufenden chemischen Reaktion? — Das Wesen einer Katalyse beruht auf ...? — Voraussetzung jeder katalysierten Reaktion? (Kann denn eine Reaktion in Gang gesetzt werden, die thermodynamisch nicht möglich ist. d. h. keine freie Energie abgeben kann?) — Werden thermodynamische Gleichgewichte durch Katalysatoren verschoben?

Die wichtigsten Aminozucker.
    An welchem C-Atom sitzt die NH_2-Gruppe und welche Stellungs-Isomerien der OH-Gruppen?

Bei der Coenzym-Funktion des ATP können prinzipiell vier verschiedene Gruppen transferiert werden. Welche sind es und welche Enzym--katalysierten Beispiele kennen sie hiervon?
    Bei drei von diesen vier setzt der Transfer an einer „energiereichen Bindung" an. Bei der vierten wird die zum Transfer benötigte Energie durch eine Hilfsreaktion bereitgestellt.

Was bezeichnen wir als Porphyrin-Systeme?
    Nur das Grundskelett beschreiben, ohne Seitenketten.

Welcher Baustein kommt in Chitin, Glykolipiden und Blutgruppensubstanzen vor?
    Eine Aminohexose.

Der Aufbau von t-RNA ist im Prinzip bekannt. Wenn Sie ihn jetzt beschreiben, vergessen Sie nicht, etwas über die „Erkennungsregion" zu sagen.

Was ist Cholesterin?

> Strukturformel. — Wo sitzen die OH-Gruppe und die Doppelbindung? — Durchnumerieren, auch die Seitenketten. — Grundkörper Cholestan!

Wie würden Sie das Enzym generell definieren?

> Gibt es auch Biokatalysatoren, die keine Eiweißkörper sind?

Welchen Gruppen von Naturstoffen liegt das Porphyrin-System zugrunde?

> Mindestens vier Beispiele.

Namen, Strukturen und Vorkommen von Uronsäuren.

Unterscheiden Sie zwischen Enzym-Proteinen und Enzym-Proteiden und beschreiben Sie repräsentative Beispiele.

Welche Molekelkonformationen sind die Voraussetzungen für die Doppelhelixanordnung der DNS?

> Natur der Wasserstoffbrückenbindung. — Zu welchen Basenpaaren?

Ist der Mensch auf exogenes Cholesterin angewiesen?

> Kann Nahrungscholesterin überhaupt resorbiert werden? Die anderen Nahrungssteroide? — Können Tiere cholesterinfrei ernährt werden ohne Krankheitssymptome zu zeigen?

Was ist Porphobilinogen und aus welchem Ausgangsstoff entsteht es biosynthetisch?

> Das Vorprodukt wird aus Succinyl-CoA und Glykokoll gebildet. Wie heißt das synthetisierende Enzym? — Auf welche Weise entsteht nun Porphobilinogen aus diesem Vorprodukt? — Wie heißt das hierbei wirksame Enzym?

Was verstehen wir unter „energiereichen" Verbindungen und welche Beispiele sind Ihnen bekannt?

> Hat dieser Terminus etwas mit Bindungsenergie zu tun? — Zutreffender wäre doch die Bezeichnung „Verbindungen auf hohem Gruppenübertragungspotential". Vielleicht können Sie von diesem Begriff das hier gemeinte Phänomen besser erläutern. — Sie sollten vier Verbindungstypen der Phosphorsäure kennen, für die die Eigenschaft „hohes Gruppenübertragungspotential" zutrifft, wenn man damit numerisch einen Betrag von $7 \text{ kcal} \cdot \text{Mol}^{-1}$ ab aufwärts meint.

Bevorzugen in einer Neutralfettmolekel die Lipasen verschiedener Provenienz bestimmte Bindungen?

> In der Tat gibt es eine allerdings nicht sehr ausgeprägte Spezifität der drei Lipasen in bezug auf die drei Bindungsstellen einer Neutralfettmolekel.

Was ist Ascorbinsäure?

Struktur und wichtigste Reaktionen. — Auch den Biosyntheseweg zu beschreiben, macht einen guten Eindruck, aber nicht erschöpfen in: Ascorbinsäure ist Vitamin C. Dadurch wird kein zusätzlicher Informationsgewinn erzielt. Also: Lacton der 2-Keto-L-gulonsäure. — Endiolgruppen haben welche Reaktionseigenschaften? — Ist die Ratte (und andere Säugetiere) zur Biosynthese von Ascorbinsäure befähigt? Der Mensch?

Welche Strukturunterschiede bestehen zwischen Adenin, Guanin und Hypoxanthin?

Sie können entweder die Strukturformeln hinschreiben, doch genügt es auch, wenn Sie die exakten chemischen Bezeichnungen mit Stellenangaben der Substituenten mit Worten beschreiben.

Was ist Uroporphyrin I und wie entsteht es?

Liegt diese Substanz in der Linie der Biosynthese „normaler" Porphyrine?

Welche chemischen Reaktionen können freiwillig ablaufen?

Müssen aber alle Reaktionen, die unter Abgabe von freier Energie einem Gleichgewicht zustreben, freiwillig vor sich gehen?

* Ist die negative freie Energie des Übergangs ATP → ADP eine konstante Größe oder vielmehr konzentrations- und pH-abhängig und warum?

Was wissen Sie über den Gesamtvorgang der lipatischen Hydrolyse?

Erfolgt die hydrolytische Spaltung von Neutralfetten stets bis zum Ende, d. h. bis zum Glycerin und den drei Fettsäuren?

Was ist der Unterschied zwischen Epimerisierung und Isomerisierung von Hexosen?

Beschreiben Sie die Aldolreaktion.

Zunächst würde ich diese Reaktion allgemein formulieren, dann das wichtigste Beispiel der aldolatischen Spaltung von Fructose-1,6-diphosphat erwähnen. Gibt es noch weitere Aldolase-Reaktionen? Welche Reaktion katalysiert die Phosphofructoaldolase?

Welche Strukturunterschiede bestehen zwischen Cytosin, Uracil und Thymin?

Entweder Strukturformeln oder die exakten chemischen Direktnamen. Wie bei der Frage nach den Purinen.

Welches Porphyrin ist eigentlich Vorstufe der körpereigenen Verbindungen Hämoglobin, Myoglobin und der Cytochrome?

Glucose liefert bei der Verbrennung im Kalorimeter 680 kcal/Mol.$^{-1}$. Warum verbrennen Glucose und viele andere organische Verbindungen trotz ihrer großen Affinität zum Sauerstoff nicht spontan?

Seltene Pyrimidinverbindungen sind 5-Methylcytosin, 5-Hydroxymethylcytosin und Pseudouridin. Beschreiben Sie die Strukturen dieser Verbindungen.
>   Strukturformeln oder exakte chemische Benennung mit Ringbezifferung. Ist die letztgenannte Verbindung nicht eher ein Nucleosid?

Welche biochemische Bedeutung kommt dem Uroporphyrin III zu und wie entsteht es?

Gibt es neben den vier energiereichen Phosphatverbindungen Phosphorsäureanhydride, Phosphorsäure-carbonsäure-anhydride, Phosphoguanidine und Enolphosphate noch weitere energiereiche Verbindungen mit einer negativen Standard freien Energie der Hydrolyse von mehr als 7 kcal$\cdot$Mol^{-1}?

Erfolgt die Resorption der Neutralfett-Spaltprodukte stets nur auf der Ebene Glycerin + Fettsäuren oder können auch partielle Spaltprodukte resorbiert werden?
>   Schreiben Sie die Namen der Spaltprodukte ausgehend vom Neutralfett bis zu den einzelnen Bausteinen hin, vielleicht auch die allgemein gehaltenen Formulierungen. — Wie nennt man die Zwischenstufen?

Wirkungsunterschiede zwischen Aldolase und Transaldolase.
>   Welche Reaktionsprodukte bei der aldolatischen Spaltung? — Transaldolase-Reaktion. — Welche Verbindungen (eine C^6- und eine C$_7$-Verbindung)? Ein Rest wird auf einen Acceptor übertragen (chemisch: rückläufige Aldolkondensation). — Die Reaktionsprodukte: eine C$_4$- und eine C$_6$-Verbindung.

Wirkungsunterschiede von Endopeptidasen und Exopeptidasen.

Welche Typen von Nucleosid-phosphorsäureester sind biologisch am wichtigsten?
>   Gemeint ist der Sitz der Esterbindung am Zuckerrest.

Was verstehen wir unter Aktivierungsenergie?
>   Auf welche Weise kommt man zu quantitativen Aussagen? Die Arrhenius-Gleichung gibt empirisch einen Zusammenhang zwischen den Reaktionsgeschwindigkeiten bei verschiedenen Temperaturen und der Aktivierungsenergie.

Beschreiben Sie die thermodynamischen Gründe, aus denen bei der Gluconeogenese der Übergang Fructose-1,6-diphosphat → Fructose-6-phosphat und Glucose-6-phosphat → Glucose nicht die Umkehrungen der analogen Reaktionen bei der Glykolyse sind.

Es gibt zwei Guanidinphosphate, deren negative Standard freie Energie etwa 9 kcal·Mol⁻¹ beträgt. Welche sind es und was wissen Sie über ihre biochemischen Funktionen in vivo?

Ist für die Mucosa-Zellen ein Monoglycerid inert, lassen sie es also passieren oder können Monoglyceride bereits hier metabolisiert werden?
    Die Zellen der Darm-Mucosa haben besonders intensive metabole Aufgaben, nicht nur im Hinblick auf das Durchschleusen der zu resorbierenden Stoffe aus dem Darmlumen, sondern auch auf den Gesamtmetabolismus des Organismus. — Verlassen also nur vom Darm her aufgenommene Monoglyceride die Darm-Mucosazellen unverändert oder erfolgt hier nicht schon wieder Aufbau zu Diglyceriden und Triglyceriden?

Der Aktivierungsmechanismus des Pepsinogens zum Pepsin?
    Katalyse oder Autokatalyse? Molekelumgruppierung oder Teilabspaltung? — Teilchengewicht von Vorprodukt, Aktivprodukt und „Verschlußkappen"?

* Wie kann man die Aktivierungsenergie graphisch ermitteln?

$$\frac{\ln k}{1/T}$$

Neigung der Geraden ergibt $-\Delta H_a/R$. — $R =$ Gaskonstante. Für die meisten Reaktionen von biologischem Interesse: 10—20 kcal·Mol⁻¹.

Was wissen Sie über Acetylphosphate und Aminoacyladenylate vom energetischen Gesichtspunkt aus zu sagen?
    Ihre negativen Standard freien Energien bei der Hydrolyse betragen 10,5 bzw. 13,3 kcal·Mol⁻¹.

Bei der Biosynthese des Uroporphyrins aus Porphobilinogen wirken zwei Enzyme mit. Welche sind es und welche Reaktionen katalysieren sie?
    Zuerst: Es handelt sich um eine Kondensationsreaktion. Welche Reaktionspartner werden kondensiert und welche Gruppen abgespalten? — Dann: Es entsteht eine farblose Verbindung, die durch Dehydrierung in eine gefärbte übergeht. Nun entsteht Uroporphyrin III.

Auf welchem Wege erfolgt der Weitertransport von Spalt- und Resyntheseprodukten der Neutralfettgruppe?
    Zwei Transportwege: Blut und Lymphe. Was findet sich nach einer Fettverdauung im Pfortaderblut an Spaltprodukten und was wird

durch das Lymphsystem transportiert? — Zunächst die Anatomie der Blut- und Lymphwege. — Gibt es im Pfortaderblut außer Glycerin nicht auch einige andere Fettsäuren und welche sind es? — Ist alles im Lymphstrom vorhandene fettsäurehaltige Material ausschließlich Resorptionsmaterial oder nicht auch schon Synthesematerial? — Was außer Neutralfetten findet sich im Zuge der Fettsäurenresorption noch in der Lymphe?

Die Aktivierungsmechanismen von Trypsinogen zu Trypsin und von Chymotrypsinogen zu Chymotrypsin.
Verwandtschaft zwischen beiden? — Teilchengewichte der Vorprodukte, Aktivprodukte und abgespaltenen Reste. — pH-Optima?

Aus welcher Verbindung und durch welchen Enzymprozeß entsteht Cysteamin und wozu dient es?
Der Name deutet auf genetische Beziehung zu ...?

Beschreiben Sie anhand eines Diagramms die Veränderung der Aktivierungsenergie durch die Gegenwart eines Katalysators.
Was verstehen wir unter dem „aktiven Zustand" von Molekeln? — Muß sich in jedem Fall eine Verbindung zwischen Katalysator und Reaktionspartner bilden?

Die negative Standard freie Energie der Hydrolyse des Phosphoenolpyruvats beträgt $13 \, \text{kcal} \cdot \text{Mol}^{-1}$. Warum ist dies von besonderer biochemischer Bedeutung?
Bei welcher Metabolsequenz entsteht diese Verbindung und wie erfolgt die Weiterreaktion? — Denken Sie jetzt an den Oberbegriff Substratkettenphosphorylierung und alle sich daraus ergebenden Konsequenzen für das Zellgeschehen.

Was ist Pantothensäure?
Zu welcher Stoffklasse zählt man sie ernährungsphysiologisch? — Kann der höhere Säugetierorganismus sie selbst synthetisieren oder benötigt er sie mit der Nahrung? — Ist sie Baustein einer anderen Verbindung und welche Funktion übt diese aus?

Zeichnen Sie ein Schema des Zusammenwirkens von Enteropeptidase, Trypsin und Chymotrypsin.

Beschreiben Sie die von den Proteinasen des Magen-Darm-Kanals bevorzugten Peptidbindungen im Zuge der Verdauungsproteolyse.

Schreiben Sie die Struktur des Coenzyms A auf.
Aus welchen Bausteinen es besteht können Sie durch punktierte Linien abgrenzen und die Bedeutung der einzelnen erläutern. — Können alle Bausteine im Organismus des höheren Säugetieres selbst gebildet werden oder? — Woraus und durch welche Vorgänge entstehen Cysteamin und β-Alanin?

Welchen Reaktionstyp katalysiert die Transketolase?
> Gleichgewichtsreaktion nach dem Typ der Acyloinkondensation. Spaltung von Ketopentosen, aber was wird übertragen und auf welchen Acceptor?

Was verstehen wir unter Kathepsinen?
> Glauben Sie, daß diese Enzyme in den Zellen in freier Form vorkommen?

* Kann eine thermodynamisch nicht mögliche Reaktion durch ein Enzym dennoch in Gang gebracht werden?

* Beschreiben Sie ein Beispiel eines thermodynamischen Reaktionsgleichgewichts, das durch Gegenwart eines Enzyms verschoben wird.

Aus welcher Verbindung und durch welchen Enzymprozeß entsteht β-Alanin?
> Der Name deutet nicht unmittelbar auf die genetische Beziehung hin. — Welche Aufgaben hat β-Alanin, dient es zur Biosynthese einer höheren Verbindung?

Was ist „aktiver" Glykolaldehyd und an welches Coenzym gebunden?

Aktive Proteinasen im Blutplasma wären doch eigentlich fehl am Platze, da sie die Bluteiweißkörper abbauen würden. Es gibt aber trotzdem Proteinasen im Blut.
> Es sind mehrere, sehr spezifische Proteinasen, die die nativen Plasmaproteine nicht angreifen. Zwei sind am Mechanismus des Blutgerinnungsvorgangs beteiligt und eines erzeugt einen den Blutdruck erhöhenden Stoff.

Beschreiben Sie die transaldolatische Spaltung des Sedoheptulose-7-phosphats.
> „Trans" deutet auf Übertragung hin. Welcher Molekelteil wird übertragen und auf welchen Empfänger? Man formuliere als Gleichgewichtsreaktion.

Wie erfolgt die „Aktivierung" freier Fettsäuren?
> Zwei-Stufen-Prozeß: 1. Formulierung der Reaktion einer freien Fettsäure mit ATP, Erläuterung des „höheren Gruppenübertragungspotentials". — Wie heißt das Enzym? — Welche Produkte entstehen aus dem ATP? — Formulierung der Reaktion des Acyladenylats mit CoA.

Was verstehen wir unter Reaktionsspezifität und Substratspezifität von Enzymen?
> Nennen Sie Beispiele für Reaktionsspezifitäten. — Könnte man diese Eigenschaften der Enzyme nicht zur Grundlage einer Enzym-Klassifikation machen? — Sind die Enzyme des Magen-Darm-Ka-

nals streng substratspezifisch? — Findet man unter den Enzymen des Zellmetabolismus solche mit größerer Substratspezifität?

Welche Rolle spielt GTP als Coenzym?
   Durch welche Reaktion entsteht es und wie wird es weiter abgewandelt?

* Die negative Standard freie Energie der Hydrolyse von Thiolestern beträgt etwa $8\,kcal \cdot Mol^{-1}$. Vergleichen Sie diese Zahl mit den korrespondierenden Werten von Acylphosphaten und entscheiden Sie, ob ein Acylgruppentransfer von Phosphat auf SH-Gruppen-haltige Verbindungen thermodynamisch möglich ist.
   Zunächst: Wie verläuft die Sequenz der „Aktivierung" von Fettsäuren? — Dann: Welches ist die bevorzugte SH-Verbindung als Acylacceptor? — Schließlich die Entscheidung nach obiger Frage.

Gehören Aminosäureester zur Gruppe der energiereichen oder der energiearmen Verbindungen?
   Wie verläuft eigentlich die „Aktivierung" der freien Aminosäuren als erste Reaktionsstufe der Proteinbiosynthese? — Sind Aminosäurenester stabiler oder labiler als Aminosäurenamide (in der Peptidbindung)?

Gibt es noch eine andere „energiereiche" Verbindung zwischen Fettsäuren und einem Vehikel außer den Acyl-CoA-Verbindungen?
   Welche Bindungsart liegt hier vor? — Also gibt es außer S-Acyl- auch O-Acyl-Verbindungen auf höherem Gruppenübertragungspotential?

Welche Eigenschaften zeigen Enzyme durch ihre Natur als Eiweißkörper?
   Wie ändert sich der Ladungszustand von Proteinen mit dem pH des Lösungsmilieus? — Die Temperaturabhängigkeit der Nativstruktur von Proteinen. — Milieu-Faktoren (Neutralsalzkonzentration, Schwermetallspuren).

Das wichtigste Puffersystem für den Organismus ist das Kohlensäure-Hydrogencarbonat-Paar. Formulieren Sie hierfür die Henderson-Hasselbalch-Gleichung.
   Wenn Sie den pH-Wert des Blutes zu 7,4 und $pK_{H_2CO_3}$ zu 6,1 annehmen, was folgt dann für den Quotienten $\log([HCO_3^-]/[H_2CO_3])$? — Und der Numerus dieses Ausdrucks, d. h. das molare Verhältnis dieses Klammerausdrucks? — Wenn man die H_2CO_3-Konzentration des Plasmas zu $1,2\,mVal \times L^{-1}$ ansetzt, welcher Wert errechnet sich dann für die HCO_3^--Konzentration?

Kennen Sie eine biochemische Funktion des Carnitins?
   Was ist Carnitin, zu welcher Stoffklasse gehört es? — Wie reagiert es mit Acyl-CoA-Verbindung (Formulierung)? — Zwischen welchen beiden Zellkompartimenten übt es seine Funktion aus?

Bei welcher Metabolsequenz wechseln transaldolatische und transketo-
latische Reaktionsmechanismen ab?

Welche Bedeutung haben die im Blutplasma vorkommenden Proteinasen
Thrombin, Plasmin und Renin?

Zeichnen Sie die pH-Aktivitätskurven für Pepsin, α-Amylase und
Arginase auf.
> pH-Optimum des Pepsins: etwa 2, der α-Amylase: etwa 6,5, der
> Arginase: etwa 10. — Können die pH-Optima der Enzymaktivi-
> täten durch Gegenwart von niedermolekularen Begleitstoffen ver-
> ändert werden, etwa beim Gebrauch verschiedener Puffermischun-
> gen oder durch Anwendung verschiedener Substrate? — Wie
> erklärt sich überhaupt das Auftreten eines pH-Optimums der
> Enzymaktivitäten?

Welche metabole Aufgabe kommt ITP zu?

* Beschreiben Sie die Dipoleigenschaften des Wassers sowie deren Bedeutung für seine biologische Funktion.
> Was ist ein Dipol? Versteht man darunter freie Ionen? — Wie
> mißt man die elektromagnetische Asymmetrie, das Dipolmo-
> ment? — Kommen Wassermolekeln ausschließlich als freie, wechsel-
> seitig unbeeinflußte Molekeln vor oder durch welches Phänomen ist
> zu erklären, daß H_2O bei Raumtemperatur nicht gasförmig ist wie
> etwa H_2S? — Was verstehen wir unter „Cluster"?

Beschreiben Sie die einzelnen Schritte des Fettsäurenabbaus.
> Sie haben die sog. Lynen-Spirale noch im Gedächtnis. Also:
> 1. Schritt... durch welches Enzym katalysiert? — 2. Schritt...
> usw. (Zur Repetition werden die Einzelschritte weiter hinten noch-
> mals Gegenstand spezieller Fragen sein.)

Welche Reaktion katalysiert die Glucose-6-phospho-Dehydrogenase?
> Initialreaktion einer bedeutungsvollen Metabolsequenz und Liefe-
> rantenreaktion für wichtige „Zubringer" zu Synthesevorgängen.

Was besagt die RGT-Regel?
> Formulieren Sie die Temperaturfunktion der Reaktionsgeschwin-
> digkeit $\left(Q_{10} = \dfrac{k_t + 10}{k_t} \right)$. — Numerische Größen? (1,5—2,0.)

* Was verstehen wir unter Dielektrizitätskonstante?
> Welcher biologisch besonders wichtige Stoff besitzt eine hohe DK
> und durch welche Molekeleigenschaft ist sie bedingt? Wie ändert
> sich die DK mit der Temperatur?

Formulieren Sie die allgemeinen Gesetze für die Reaktionsgeschwindig-
keiten nullter, erster und zweiter Ordnung.

Welches Reaktionsprodukt entsteht — allgemein formuliert — aus einer gesättigten Acyl-CoA-Verbindung unter der Wirkung von Acyl-CoA-Dehydrogenase?

> Sofort fällt Ihnen wieder die sog. Lynen-Spirale ein. Ist das genannte Enzym nicht ein Flavoprotein? — Gibt es nur ein Enzym mit dieser Wirkung oder nicht mehrere? — Schreiben Sie den gefragten Vorgang anhand ausführlicher Formelbilder hin und erläutern Sie die Bevorzugung bestimmter Kettenlängen der Acyl-CoA-Verbindungen durch die einzelnen Enzymgruppen, erwähnen Sie auch, auf welche Weise die $FADH_2$-Coenzyme dieser Holoenzyme wieder regeneriert werden.

Formulieren Sie die einzelnen Reaktionen vom Glucose-6-phosphat bis zum Ribulose-5-phosphat.

> 1. Schritt liefert $NADPH + H^+$,
> 2. Schritt spaltet einen Ring auf,
> 3. Schritt liefert wieder $NADPH + H^+$,
> 4. Schritt liefert $CO_2 + \ldots$?
>
> Welche dieser Reaktionen verlaufen enzymkatalysiert?

Beschreiben Sie die Wirkungsspezifitäten von Carboxypeptidasen und Aminopeptidasen.

> Man kennt nicht nur ihre Angriffsorte, sondern von einigen auch Teilchengewicht und ihre Eigenschaft, Chelate zu bilden. Mit welchen Kationen? — Ist diese Chelatbildung für den Wirkungsmechanismus von Bedeutung?

Wie werden die α,β-ungesättigten Acyl-CoA-Verbindungen im Zuge des Fettsäurenabbaus weiter umgesetzt?

> Zunächst: Wie heißt das Enzym? — Welchen Reaktionstyp katalysiert es? — Welche Verbindung wird in die Reaktion miteinbezogen, an welchem C-Atom der Acyl-Kette sitzt dann die OH-Gruppe und wie heißt generell das Reaktionsprodukt?

* Welcher Unterschied besteht zwischen der Ordnung einer Reaktion und ihrer „Molarität"?

Welche Funktionen üben Guanosindiphosphoglykosid und Uridindiphosphoglykosid aus?

> Besonders von dem letzteren sind Kohlenhydrat-Zwischenreaktionen, Oxydationen, Isomerisierungen und Synthese zu erwähnen.

Beschreiben Sie anhand eines Schemas die Flüssigkeitsverschiebungen zwischen Plasma und Extracellulärraum als Resultante der Änderungen von hydrostatischem und onkotischem Druck.

Welche Reaktion katalysiert die Acyl-CoA-Dehydrogenase?

> Dient nur zur Gedächtnisauffrischung, denn nach dieser Reaktion wurde schon mehrfach gefragt.

Welche Substanz tritt im Harn bei Pentosurie auf?
Welche Verbindung entsteht normalerweise aus diesem Intermediat und wie wird sie weiter abgewandelt?

Gibt es Vorstellungen über den Resorptionsmechanismus von Aminosäuren durch die Darmmucosa?

Wie verändert sich die Umsatzgeschwindigkeit einer Enzym-katalysierten Reaktion durch steigende Substratkonzentrationen für den Fall
a), daß das Enzym noch nicht Substratgesättigt ist,
b), daß es bereits gesättigt ist? (*Michaelis-Menten*, 1913.)

Welche Rolle spielen Cytidindiphosphoalkohole?
Es handelt sich um Phospholipidsynthese.

* Was verstehen wir unter einem Gibbs-Donnan-Gleichgewicht und welche biologische Bedeutung kommt ihm zu?
Ein Phänomen zwischen zwei durch eine Membran getrennte Flüssigkeitskompartimente (Schemazeichnung). — Welche Eigenschaft muß die Membran besitzen, und welche gelösten Stoffe müssen in diesen beiden Flüssigkeiten auf beiden Seiten der Trennmembran vorhanden sein? — Welcher Stoff darf nur auf der einen Seite der Trennmembran anwesend sein?

Welche Reaktion katalysiert die β-Hydroxyacyl-CoA-Dehydrogenase?
War ebenfalls schon mehrfach da. Vergessen Sie aber nicht zu erwähnen, auf welches Vehikel der Wasserstoff übertragen wird.

Formulieren Sie die als Pentosephosphat-Cyclus bzw. als Warburg-Dickens-Horecker-Schema bezeichnete Metabolsequenz.
Sie beginnen mit Glucose-6-phosphat, dann dessen 1. Dehydrierung (NAD$^+$ oder NADP$^+$?), Ringöffnung, 2. Dehydrierung, Decarboxylierung, Gleichgewichtseinstellung durch welche Enzyme zu welchen Pentosephosphaten? — 1. Transketolase-Reaktion ($C_5 = C_3 + C_2$, $C_5 + C_2 = C_7$), Transaldolase-Reaktion ($C_7 = C_3 + C_4$, $C_3 + C_3 = C_6$), 2. Transketolase-Reaktion ($C_5 = C_2 + C_3$, $C_4 + C_2 = C_6$). — Bilanz — Weiterer Abbau von C_6 und C_3. — Bedeutung von NADPH$+$H$^+$. — Ist auch NADPH-Dehydrierung über Atmungskette möglich?

Die Reaktionssequenz der Transaminierung ist von besonderer Bedeutung für den Aminosäuren-Metabolismus. Bitte beschreiben Sie anhand der Beteiligung der vier Reaktionspartner Glutamat — Pyruvat — α-Ketoglutarat und Alanin den Gesamtvorgang.
Wie heißen die Enzyme? — Welches Co-Enzym ist beteiligt und wie verlaufen die Reaktionen mit ihm und den Amino- bzw. α-Ketosäuren im einzelnen? — Ammoniak tritt hierbei also nicht in freier Form auf! — Aber immer ist eine der beiden Monoamino-

dicarbonsäuren beteiligt. Welche Aminosäuren werden nicht in den Transaminierungsvorgang einbezogen? — Sechs essentielle Aminosäuren bleiben übrig.

Unter welchen Bedingungen besteht Proportionalität zwischen Enzymkonzentration und Reaktionsgeschwindigkeit?
Bei Substratüberschuß anhand einer einfachen Formel erläutern: $V = k \cdot E$.

Strukturen und Funktionen von NAD^+ und $NADP^+$.
An welchem Molekelteil verläuft die eigentliche Reaktion? — Formulierung dieses Vorgangs. — Welche Struktureinheit wird aufgenommen und abgegeben?

Was versteht man unter β-Ketosäure-CoA-Thioester?
Wie entstehen sie, unter Katalyse welchen Enzyms und in welchen Verbindungstyp gehen sie über?

Glucose-6-phosphat steht an einer metabolen Verzweigungsstelle. Welche Abwandlungswege gehen von ihm aus?

Was verstehen Sie unter essentiellen und nichtessentiellen Aminosäuren?
Was könnte im Tierexperiment anstelle der essentiellen Aminosäuren verfüttert werden, um Erhaltung des Stoffwechselgleichgewichtes zu garantieren?

Welches sind die ersten Stufen der Pyrimidin-Biosynthese?
Die beiden Ausgangsstoffe: eine Monoaminodicarbonsäure und eine „energiereiche Verbindung", die auch noch eine andere bedeutungsvolle Funktion ausübt. Die folgende Reaktionsstufe verbraucht ATP. Sie beschreiben die Reaktionssequenz bis zum Ringschluß. Welcher Reaktionstyp führt zur Ringstruktur?

* Beschreiben Sie die zwei Prämissen der Michaelis-Menten-Theorie anhand einfacher, sich voneinander ableitender Formulierungen.
Ist eine Enzymkatalyse denkbar, bei der es nicht zu einer Enzym-Substratverbindung kommt? — Ist ein System Enzym-katalysierter Reaktionen denkbar, bei dem keiner der einzelnen Reaktionsschritte geschwindigkeitsbestimmend für den Gesamtablauf ist?

* Strukturen und Funktionen von Flavin-Coenzymen.
FMN und FAD. — An welchem Molekelteil verläuft die eigentliche Reaktion?

Formulieren Sie die Kondensation von Oxalacetat mit Acetyl-CoA zum Citrat.
Initialreaktion des Citratcyclus. Wie heißt das katalysierende Enzymsystem? — Gleichgewichtsreaktion, d. h. geht sie auch rückläufig? — Reaktionstyp?

Was ist eine thioklastische Spaltung und wie heißt das katalysierende Enzym?

Beschreiben Sie den hier zugrunde liegenden Verbindungstyp und erläutern Sie auch den diesem Typus vorangehenden Entstehungsprozeß. — Ist diese Spaltung reversibel? — Ist es nicht ein wichtiger kataboler Reaktionsschritt?

* Energiebilanz beim Pentosephosphat-Cyclus.

Steht und fällt mit der Frage, ob $NADPH + H^+$ über Atmungskette dehydriert werden kann.

Die oxydative Desaminierung als Parallele zur Transaminierung wäre zu beschreiben.

Welche Enzyme? — Reaktionsmechanismus und -produkte?

Welches Reaktionsprodukt entsteht aus Orotsäure $+$ Phosphoribosylpyrophosphat?

Bitte formulieren Sie diese Reaktion. Was wird abgespalten? — Ist dieses abgespaltene Produkt noch von metaboler Nebenbedeutung?

Die Biosynthese des Cholesterins.

Ausgehend von Acetyl-CoA Stufe für Stufe.

Formulieren Sie das Dissoziationsgleichgewicht des Enzym-Substrat-Komplexes.

Eine einfache Beziehung, die sich aus dem Massenwirkungsgesetz ergibt. Sie bezeichnen die Dissoziationskonstante natürlich mit K_D.

Neben Pyridoxalphosphat gibt es noch zwei funktionelle Derivate. Welche sind es und wie funktioniert diese Molekeltrias bei ihrer biochemischen Aufgabe?

Es gibt womöglich mehrere funktionelle Aufgaben dieses Coenzyms, je nachdem, welches Enzymprotein determiniert: Aminogruppentransfer — Decarboxylierung — Abspaltung eines Molekelrestes. — Erläuterung der Mesomeren der Zwischenverbindungen. Allgemeine Bezeichnung für diese.

Welche Reaktion katalysiert die β-Keto-Thiolase?

Substrat dieses Enzymtyps und Reaktionsprodukte. — Bedeutung dieses Reaktionsschrittes. — Reversibel oder irreversibel?

Formulieren Sie den Zerfall der Enzym-Substrat-Zwischenverbindung, wobei Sie von der Annahme ausgehen, daß die Geschwindigkeit der Zerfall-Reaktion der Konzentration von ES proportional ist. — Wann ist Maximalgeschwindigkeit V erreicht? — Wenn Sie die erhaltene Beziehung nach K_M auflösen, erhalten Sie eine bestimmte Kurvenform beim graphischen Auftragen dieser Beziehung. Welche ist das?

Struktur und Funktion des Thiaminpyrophosphats?

Anhand der Bildung und des Transfers von Glykolaldehyd und von Acetaldehyd: „Aktive Aldehyde"! — An welche funktionelle Molekelgruppe sind die aktiven Verbindungen gebunden? — Hochinteressanter mehrstufiger Mechanismus der Bildung von Acetyl-CoA aus Pyruvat durch eine Metabolsequenz, bei der die hier gemeinte Zwischenverbindung eine Teilreaktion ausübt.

Was verstehen wir unter „aktiver Essigsäure"?

Wieso „aktiv"? — Vielleicht Acetylrest an einem Vehikel (welches?) auf höherem Gruppenübertragungspotential gebundenen? — Und durch welchen enzymkatalysierten Reaktionsschritt entsteht sie? — Ein Synonymum für sie?

Auf welche Weise entsteht Ribose-5-phosphat für die Synthese der Nucleotide?

Die Glutamat-Dehydrogenase katalysiert eine Reaktion, die im Aminosäuren-Gesamtmetabolismus eine besondere Bedeutung hat.

Welche? — Zwischenprodukte? — Spezifität in bezug auf das Substrat, aber nicht auf den Wasserstoffacceptor.

Orotidin-5'-phosphat wird durch eine einfache Abspaltreaktion in ein Nucleotid übergeführt, aber in welches?

Damit wäre die Stammsubstanz der Pyrimidinnucleotide gewonnen.

Die Kondensation von Acetyl-CoA mit Aceto-acetyl-CoA.

Weist diese Reaktion nicht Ähnlichkeiten mit der Biosynthese des Citrats auf? — Vergleichen Sie beide Vorgänge. — Das Reaktionsprodukt des Reaktionsproduktes?

Welche Beziehung besteht zwischen den beiden Größen K_D (Dissoziationskonstante des Enzym-Substrat-Komplexes) und K_M (Michaelis-Konstante)?

Auf welche Weise entsteht Biotin-N-carboxylat und welche Funktion übt es aus?

Sind das höhere Säugetier und der Mensch befähigt, Biotin zu synthetisieren? — Welche chemische Struktur hat Biotin? — In welcher Bindung liegt es in der Zelle vor? — Und nun die obige Frage.

Wieviele Molekeln ATP sind zur „Aktivierung" einer C_{18}-Fettsäure-Molekel notwendig, wenn dieselbe bis zu einem Aceto-acetyl-CoA und zu 7-Acetyl-CoA abgebaut werden soll?

Was ist Glykolyse?

Kann auch anaerob ATP-Energie gewonnen werden? — Summengleichung.

Über welche Reaktionsstufen kann auch im höheren Säugeorganismus Ammoniak in organische Bindung übergeführt und können die nicht-essentiellen Aminosäuren synthetisiert werden?

Was ist Mevalonsäure und wie entsteht sie?
Aus einem $C_2 \sim X$ und einem $C_4 \sim X$ und anschließender Reduktion durch $2\,NADPH + H^+$. Jetzt präzise formulieren.

* Gehen Sie von der „kanonischen" Michaelis-Menten-Beziehung aus und entwickeln Sie sie nach *Briggs-Haldane* zu einer kinetischen Theorie der Enzymkatalyse.
Sie müssen streng unterscheiden zwischen K_D, der thermodynamischen Gleichgewichtskonstanten der Enzym-Substrat-Verbindung und K_M, der sogenannten Michaelis-Konstanten als einer resultierenden Größe mehrerer Geschwindigkeitskonstanten.

* Folgende funktionelle Derivate der 5,6,7,8-Tetrahydrofolsäure sollen Sie in einen funktionellen Zusammenhang bringen, also beschreiben, wie sie entstehen und welche Umwandlungen ineinander sie erleiden, sowie ihre metabolen Aufgaben: 5-Formyl-, 10-Formyl-, 5-Formimino-, 5-Methyl-, 5,10-Methenyl-, 5,10-Methylen-.

Nach welchem klassischen Versuch wurde der Fettsäurenabbau als „β-Oxydation" bezeichnet?
Sie sollten auch wissen, wer diesen Reaktionsmechanismus aufgefunden hat.

Wodurch unterscheidet sich die Glykolyse in der Säugetiermuskulatur von der alkoholischen Gärung in Hefezellen?
Gleichlaufende und divergente Metabolsequenzen genau formulieren. — Welches sind die Unterschiede in der Abwandlung des Pyruvats?

Die Kondensation von Pyridoxalphosphat mit den desaminierbaren Aminosäuren erlaubt die Ausbildung mehrerer mesomerer Grenzzustände durch Elektronen-Verschiebung.
Sie beschreiben diese Zustände und dann die Möglichkeiten der Reaktion zu Endstufen: Umwandlung der Seitenkette und der Erhaltung der α-Aminocarbonsäurengruppierung, Decarboxylierung, Transaminierung zu α-Ketosäuren.

Auf welche Weise entsteht Thymidin-5′-phosphat?
Aus Desoxyuridin-5′-phosphat enzymatisch. — Sie denken schnell nach, wodurch sich Thymin von Uracil strukturell unterscheidet. Dann fällt Ihnen sofort ein, daß hier ein Methyltransfer im Spiel sein muß. Und jetzt sind Sie in einer Sackgasse, denn es handelt sich nicht um einen Methylgruppentransfer. Da aber eine Methylgruppe entstehen muß, überlegen Sie, ob es nicht noch andere aktive C_1-Verbindungen gibt.

* Zeichnen Sie die Beziehung der Reaktionsgeschwindigkeit von der Substratkonzentration einer enzymkatalysierten Reaktion nach *Lineweaver-Burk* hin und entwickeln Sie die grundlegende Gleichung.
Wie kann man an einer solchen Geraden K_M graphisch abgreifen?

Beschreiben Sie den Reaktionsablauf einer C_1-Transferreaktion, meinetwegen beim metabolen Gleichgewicht Glycin $\rightleftharpoons$ Serin.
Welches Coenzym ist hierbei beteiligt? — Es entsteht durch einen zweistufigen Enzymprozeß aus einem aus drei Molekeleinheiten bestehenden Vitamin! — Welche C_1-Gruppe wird übertragen und auf welche Weise? (Im Vordergrund steht hierbei die sich an der Coenzymmolekel abspielende Reaktion).

Wieviele Molekeln ATP entstehen je C_2-Bruchstück beim Fettsäurenabbau?
Sie erinnern sich zunächst daran, wie groß die ATP-Ausbeute je Flavoprotein-H_2 und wie groß sie je $NADH^+ + H^+$ ist. Natürlich muß bei der ATP-Bildung Atmungskette + oxydative Phosphorylierung eingeschaltet werden.

Über welche Stufen erfolgt Umwandlung von Glucose in Fructose-1,6-diphosphat?
P-Zubringer? — Wie heißen die Enzyme?

Gibt es einen Reaktionsweg von α-Aminosäuren zu α-Ketosäuren, an dem Pyridoxalphosphat nicht beteiligt ist?

Welche Wirkungsspezifitätsunterschiede bestehen zwischen Hexokinase und Glucokinase?

Wird im Zuge des Fettsäurenabbaus vom Acyl-CoA zum Acetyl-CoA CO_2 erzeugt?

Durch welches Enzym wird Fructose-1,6-diphosphat gespalten und in welche Triosephosphate geht es über?
Name des Enzyms, Spaltungsstellen. — Gleichgewichtsreaktion. — Gibt es eine analoge Spaltungsreaktion? — Bemerken Sie: echte C-C-Bindungslösung!

Außer Glutamat-Dehydrogenase gibt es noch zwei andere gruppenspezifische Enzyme, durch die Aminosäuren oxydativ desaminiert werden. Beide sind Flavoproteine, unterscheiden sich aber in wesentlichen Spezifitäten voneinander.
Für das Vorhandensein der einen im höheren Säugetier gibt es keine plausible Erklärung.

* Nennen Sie einige numerische Größen für Michaelis-Konstanten bekannter Enzym-Reaktionen.
(Succinat-Dehydrogenase mit Succinat: $1 \cdot 10^{-3}$ M, Pyrophosphatase (Erythrocyten) mit Pyrophosphat: $5 \cdot 10^{-4}$ M, Isocitrat-Dehydrogenase mit Isocitrat: $3 \cdot 10^{-6}$ M).

Der C_1-Transfer umfaßt mehrere C_1-Einheiten. Ordnen Sie dieselben in eine Reihe vom niedersten zum höchsten Oxydationsgrad und beschreiben Sie die Transferreaktionen für diese Gruppen.

In welchem Zellorganell verläuft der Fettsäurenabbau?
  Besteht hier nicht eine sinnvolle Koppelung dieser Metabolsequenz zu zwei anderen, aber welchen?

Fructose-6-phosphat, Glucose-6-phosphat, Fructose-1,6-diphosphat, 3-Phosphoglycerat, Dihydroxyaceton-phosphat, Glycerinaldehyd-phosphat, Phosphoenol-pyruvat, 2-Phospho-glycerat: Ordnen Sie die Namen dieser Verbindungen in der richtigen Reihenfolge der Metabolsequenz.

Die Harnstoffsynthese verläuft im höheren Säugetier nach einem Reaktionscyclus. Bitte beschreiben Sie ihn mit allen Einzelheiten.
  Initialreaktion unter Verbrauch von wieviel Molekülen ATP, an welchen Co-Faktoren und wie sieht das Reaktionsprodukt aus? — 1. Reaktionsschritt: Kondensation dieses Vorproduktes, mit welchem Acceptor, Energieverbrauch? — 2. Reaktionsschritt: Kondensation, mit welcher Substanz? — 3. Reaktionsschritt: klassisches Beispiel für eine α,β-Eliminierung und was entsteht dabei? — 4. Reaktionsschritt: Einwirkung eines hydrolysierenden Enzyms. Wie heißt es und an welcher Stelle spaltet es? — Energetische Gesamt-Bilanz.

* Setzt ein Enzym mehrere Substrate um, existiert dann für jedes Substrat eine eigene Michaelis-Konstante oder ist sie für alle Substrate gleich, weil diese ja vom gleichen Enzym umgesetzt werden?

Warum ist es sinnvoll, die Metabolsequenz des Citratcyclus im gleichen Zellorganell anzuordnen wie diejenigen des Fettsäurenabbaus und der Atmungskette?

Der Übergang von Glycerinaldehyd-3-phosphat in 3-Phosphoglycerat ist eine interessante mehrstufige enzymatische Reaktion. Bitte genau formulieren.

Ornithin übt zwei verschiedene metabole Funktionen aus, ebenso Carbamylphosphat. Welche sind es?

* Wie verläuft der Abbau des Uracils?
  Eine etwaige Analogie zum Abbau von Purinen dürfen Sie nicht heranziehen. Wenn also der Abbau rückläufig geht, wie die Biosynthese, können dann die gleichen Spaltprodukte entstehen, die beim ersten Syntheseschritt verwendet wurden, also Carbamylphosphat und Asparaginsäure?

* Unter welchen Voraussetzungen gibt die Michaelis-Gleichung eine Enzymkatalyse theoretisch richtig wieder?

Siehe eine der Prämissen der Michaelis-Menten-Beziehung! — K_D stimmt dann mit K_M überein, wenn $k_{+2} \ll k_{+1}$, k_{-1} ; Was heißt das?

Gibt es im höheren Säugetier eine De-novo-Synthese von CH_3-Gruppen aus C_1-Einheiten auf einem höheren Oxydationsgrad?

Wenn ja, warum ist dann Methionin trotzdem eine essentielle Aminosäure?

Die Gleichgewichtseinstellung zwischen 3-Phosphoglycerat und 2-Phosphoglycerat?

Zu dieser „Wechsel-das-Bäumchen-Reaktion" gibt es ein Analogon, aber welches?

Auf welche Weise wird das bei der Harnstoffbildung entstandene Fumarat weiter metabolisiert?

Gibt es neben dem Prinzip der β-Oxydation auch ein solches der α-Oxydation von Fettsäuren?

Eines? — Doch, und zwar in Pflanzen, zum Beispiel
$$RCH_2CH_2COOH \rightarrow RCH_2CHOHCOOH \rightarrow RCH_2COOH \rightarrow$$
$$RCHOHCOOH \rightarrow RCOOH$$
usw. — Das nach diesem Mechanismus aus Palmitat primär entstehende 2-Hydroxy-palmitat weist die D-Konfiguration auf. Wo ist ein asymmetrisches C-Atom?

* Welche grundsätzlich verschiedene Arten von Hemmwirkungen auf Enzymkatalysen kennen Sie?

Einmal geht es um den „Wirkungsort" auf der Enzymoberfläche und ein andermal um irgend einen anderen Einfluß, vielleicht um eine Konformationsänderung eines Polypeptidkettenanteils der Enzymmolekel. — Können auch enzymkatalytisch entstandene Umsatzprodukte den eigenen Enzymprozeß hemmen?

Welche Funktionen kennen Sie von Cobamid-Coenzymen?

Aus welchem Vitamin werden sie gebildet? — Wieviele Cobamid-Coenzyme kennen Sie? Was wissen Sie über die chemische Struktur dieser Coenzyme (ohne sie allerdings genau hinmalen zu sollen)? — Und nun ihre metabolen Aufgaben.

Welche Reaktion katalysiert die Pyruvat-Kinase?

* Wie können wir die kompetitive Hemmung einer Enzym-katalysierten Reaktion von einer nicht kompetitiven Hemmung unterscheiden?

Wie verläuft die „Lineweaver-Burk-Beziehung" der Reaktionsgeschwindigkeit-Substratkonzentration-Funktion? — Ein Hemmstoff vermindert natürlich den Substratumsatz, wie verlaufen nun die beiden Geraden für kompetitive und nicht kompetitive Hemmung im Vergleich zur Geraden für den ungehemmten Vorgang?

Welche Bestandteile des Coenzyms A werden vom höheren Säugetierorganismus bereitgestellt und welcher Teil muß mit der Nahrung aufgenommen werden?
Sie gehen am besten von der Struktur des CoA aus und beantworten die Frage schrittweise, indem Sie zunächst den exogenen Molekelbestandteil einrahmen, dann die einzelnen endogenen Bestandteile markieren und ihre metabole Herkunft erwähnen. (Nach der metabolen Funktion des CoA ist hier ja nicht gefragt.)

Woraus entsteht α-Methylbutyryl-CoA und wie wird es abgebaut?
Hier handelt es sich um einen einfachen α-methylverzweigten Fettsäurenrest. Setzt die Methylgruppe der Acyl-CoA-Dehydrogenase ein Hindernis entgegen? — Welches sind die Produkte der thioklastischen Spaltung?

Die P-Bilanz der Glykolyse.
Passen Sie auf, denn im letzten Teil der Glykolysesequenz haben Sie es mit Triosephosphaten und im ersten Teil mit Hexosephosphaten zu tun.

Die Größe der Ammoniumionen-Ausscheidung mit dem Harn hängt von mehreren Faktoren ab, die es zu schildern gilt.
In welchem Organ wird NH_4^+ gebildet? — Wird mehr NH_4 oder mehr Harnstoff ausgeschieden? — Die Muttersubstanz von NH_4^+?

Malonat ist Hemmstoff für einen Enzym-katalysierten Vorgang. Für welchen?
Ist Malonat entsprechend seiner chemischen Struktur (hinschreiben!) ein kompetitiver oder ein nicht kompetitiver Inhibitor?

Beschreiben Sie die funktionellen Beziehungen zwischen Hydroxyalkylthiamin-pyrophosphat und S-Acyl-CoA.
Es handelt sich hier zunächst um den eigentlichen Oxydationsvorgang beim Übergang von decarboxylierten α-Ketosäuren zu Acylresten! — Zwischengeschaltet ist ein Coenzym, das zwei S-Atome enthält. Hauptfunktion dieses „Zwischenträgers" in einem cyclischen Prozeß, einschließlich des Regenerationsvorgangs?

Aus welcher thioklastischen Spaltung geht außer Acetyl-CoA noch Propionyl-CoA hervor?
Sie verfolgen am besten den Reaktionsweg rückwärts, indem Sie beide Säurereste unter Wegnahme eines CoA miteinander zur β-Ketonsäure vereinigen. Hieraus lassen Sie die α-Hydroxysäure entstehen, daraus wieder die α,β-ungesättigte Verbindung und nun haben Sie das Primärprodukt.

Ist der NAD^+/NADH-Quotient nicht ein Regulativ für die Glykolyse?
Wenn ja, auf welche Weise wird das im Dehydrierungsschritt der Glykolysesequenz gebildete NADH zu NAD^+ regeneriert?

Welche metabole Bedeutungen haben Glutamin und Asparagin?
Die Enzyme zu ihrer Bildung. — Endergonische oder exergonische Bildungsreaktion? — Freie Enthalpie der Säureamidbindung. — Glutamin liefert die NH_2-Gruppe für welche Synthese-Reaktionen? — Starthilfe: Purin-, Pyrimidin-, Hexosen-Stoffwechsel.

Phosphatase katalysiert die Hydrolyse von Phosphatestern. Kommt es unter ihrer Wirkung auch zu einer Phosphatester-Synthese aus der organischen Hydroxylverbindung und anorganischem Phosphat?

Welche der folgenden biochemischen Komplexvorgänge sind endergonisch oder exergonisch: Muskelkontraktion, Photosynthese, Biolumineszenz, Entladung elektrischer Organe, Biosynthese von Proteinen, Nucleinsäuren, Glykanen, Lipiden?

Auf welche Weise wird Propionyl-CoA metabolisiert?
Der Propionylrest ist eine C_3-Einheit, also kann nicht der direkte Zug nach dem Prinzip der β-Oxydation eintreten. Wie aber weiter?

Kann der Verbrauch an anorganischem Phosphat bei der Glykolyse (welche Stufe?) nicht als ein Regulator für ihre Ablaufgeschwindigkeit angesehen werden?

Beschreiben Sie die Bedeutung des Zusammenwirkens von Glutaminsynthese in der Leber (durch welches Enzym?) und seiner Spaltung in der Niere (durch welches Enzym?).
Zweite Transportform des Stickstoffs.

Welches sind die prinzipiellen Unterschiede zwischen den Synthesewegen von Pyrimidinen und Purinen?
Finden bei beiden Sequenzen die ersten Reaktionsschritte am vorgebildeten Pentosephosphat statt?

Wie erklären Sie sich die Hemmung der Glucokinase durch unter ihrer Katalyse aus Glucose + ATP gebildetem Glucose-6-phosphat?
Eines von vielen Beispielen der „Produkt-Hemmung" von Enzymprozessen. Wird im obigen Fall das Enzym wieder entblockt, wenn Glucose-6-phosphat weiter metabolisiert wird? — Ist das nicht ein sinnvoller Rückstau- und Regulationsmechanismus?

* Beschreiben Sie in großen Zügen die wichtigsten Schritte der energetischen Biotransformation, angefangen bei der chemischen Fixierung der eingestrahlten Sonnenenergie bis zur Wiedergabe dieser Energie in Form von Wärme ans Weltall.

Was ist „aktives" Isopren?
Zweistufen-Reaktion aus Mevalonsäure, und dann weiter.

Aus welcher Verbindung und durch welchen Enzymprozeß entsteht Malonyl-CoA und wie wird es weiter verwertet?

Wenn die Muskulatur das bei verstärkter Tätigkeit gebildete Lactat nicht zu Ende oxydieren kann, was macht sie mit ihm?
Gibt es ein Organ, das ständig optimal mit Sauerstoff versorgt ist und also in der Lage wäre, Lactat via Pyruvat letztlich zu CO_2 und H_2O abzubauen? — Auf alle Fälle würde hierbei $NADH + H^+$ entstehen. Was ist sein Schicksal?

Aus welchem gemeinsamen Ausgangsprodukt entstehen Äthanolamin, Cholin und Acetylcholin und welche metabole bzw. funktionelle Bedeutung kommt diesen Substanzen zu?
Bildungsmechanismen des Primärprodukts, des zweiten aus dem ersten und des dritten aus dem zweiten? — Zubringer-Reaktionen?

Beschreiben Sie die Metabolsequenz der Biosynthese von Inosinsäure.
Denken Sie zunächst daran, daß der Purinring am 5-Phosphoribosylamin systematisch aufgebaut und für den ersten Schritt ATP benötigt wird. Aber wie entsteht 5-Phosphoribosylamin? — 1. Schritt: Kondensation mit welcher Aminosäure? — 2. Schritt: Zufügen einer C_1-Einheit, aber an welchem Überträgermolekül ist diese gebunden? — 3. Schritt: Umgruppierung und Ringschluß, aber welchen Ringsystems? (Verbrauch eines weiteren ATP). — 4. Schritt: Zufügen einer C_1-Einheit, an ein Vehikel gebunden? — 5. Schritt: Und nun kommt eine recht interessante NH_2-Übertragungsreaktion, die Sie auch in einem anderen biosynthetischen Reaktionscyclus antreffen. Hierbei entsteht ein Teilnehmer des Citratcyclus! — 6. Schritt: Wieder eine C_1-Übertragung. — 7. Schritt: Zweiter Ringschluß, aber von welchem Ringsystem?

* Welche eindeutig nicht kompetitiven Hemmungen von Enzymkatalysen sind Ihnen bekannt?
Viele Enzyme fungieren mittels freier SH-Gruppen. Welche Stoffe reagieren spezifisch mit diesen? — Auch andere Hemmechanismen aus der Reaktion mit Mercaptogruppen sind bekannt.

* Stellen Sie die beiden stöchiometrischen Gleichungen der photosynthetischen Phosphorylierung und der oxydativen Phosphorylierung einander gegenüber.
Welche Schlüsse ergeben sich hieraus in Bezug auf den chemischen Ablauf und welche spekulativen Betrachtungen im Hinblick auf die Evolution?

Kennen Sie einen Carboxylierungsvorgang, an dem Carboxy-Biotin-Enzym + ATP beteiligt sind?

Die Pyruvat-Decarboxylase der gärenden Hefezellen benötigt Co-Faktoren, welche?

Welche metabole Bedeutung besitzt Aspartat?
Bausteinsynthese für Nucleotide und Coenzym A, α,β-Eliminierung, aber bei welchen Reaktionen? — Citrat-Cyclus?

Definieren Sie den Begriff der Aktivatoren von Enzymkatalysen.
Gibt es eine feste Enzym-Aktivator-Verbindung oder eine Substrat-Aktivator-Verbindung oder was denkt man über den Mechanismus ihrer Effekte?

Kann man die beiden Enzymprozesse Triosephosphatdehydrogenase + Glyceratkinase und Phosphoenolpyruvathydratase unter einem gemeinsamen Aspekt betrachten?

Ein Cobalamin-Enzym katalysiert die Carboxylat-Wanderung innerhalb einer C_4-Acyl-CoA-Verbindung. Welches ist das?

Auf welche Weise entsteht bei der alkoholischen Gärung das Äthanol aus Acetaldehyd?
Analoge Reaktion bei der Glykolyse in der Muskulatur.

Welche metabole Bedeutung besitzt Glutamat?
Bausteinsynthese für Nucleotide und für ein funktionell bedeutungsvolles Tripeptid. — Citrat-Cyclus.

Welche Kriterien führen Sie zur Unterscheidung von Aktivatoren und Coenzymen Enzym-katalysierter Vorgänge an?
Sind Coenzyme fest an das Enzymprotein gebunden oder dissoziabel? — Beteiligen sich Aktivatoren oder Coenzyme unmittelbar am Reaktionsmechanismus der Enzymkatalyse?

Stellen Sie die Sequenz der durch folgende Enzyme katalysierten Reaktionen zusammen und erwähnen Sie die energetische Bedeutung dieser Sequenz: α-Oxoglutaratdehydrogenase + Succinat: CoA-Ligase (GDP) + Nucleosiddiphosphatkinase bzw. + Succinat: CoA-Ligase (ADP).

Es gibt mehrere Entstehungsarten des Succinyl-CoA. Welche?

Mit welchem Nahrungsmittel führen Sie sich täglich größere Mengen Fructose zu?
Struktur dieses Nahrungsmittels und alle bekannten Eigenschaften. Sein Schicksal im Magen-Darm-Kanal.

Tyrosin ist keine essentielle Aminosäure (warum?), besitzt aber eine Reihe von metabolen Funktionen.
Ist Ausgangspunkt der Biosynthese von vier Hormonen und einem Pigment. Außerdem ist es sowohl gluco- als auch ketoplastisch.

Es gibt zwei Hauptwege zur Bildung von CO_2, dem Endprodukt des C-Stoffwechsels. Welche sind das?

Schildern Sie den Katabolismus des Isoleucins.
> Zunächst Transaminierung, dann die Reaktionen bis zum α-Methylbutyryl-CoA, dann weiter via drei Schritten nach dem Prinzip der β-Oxydation, Carboxylierungsreaktion und Carboxylatwanderung, Endprodukt.

Erfolgt der Abbau der Fructose via primärer Isomerisierung zu Glucose?
> Warum kann freie Fructose nicht an C_6 phosphoryliert werden? — Welche unphosphorylierte Triose entsteht bei der phospho-fructo-aldolatischen Spaltung?

Welche Enzyme werden in Präenzymform synthetisiert und was wissen Sie über die Mechanismen der Umwandlung von unwirksamen Präenzymen in wirksame Enzyme?

Ergänzen Sie die Reaktionsgleichung $ATP + \text{L-Glutamat} + \text{L-Cystein} \rightleftarrows \ldots$
> Welches Enzym katalysiert diese Reaktion?

Schildern Sie den Katabolismus des Valins.
> Zunächst Transaminierung, dann Bildung des Isobutyryl-CoA und dessen weitere Abwandlung.

Die weitere Abwandlung des D-Glycerinaldehyds, der bei der phospho-fructo-aldolatischen Reaktion frei wird.

* Tryptophan liefert beim Abbau einen Coenzym-Baustein und beim Umbau zwei Hormone. Formulieren Sie diese Reaktionen.

Durch welchen Reaktionsschritt entsteht 5-Phosphoribosylamin und zu welchen Biosynthesesequenzen wird es benötigt?
> Sowohl die 1-Position der Pentosephosphatmolekel als auch die NH_2-Gruppe müssen auf einem höheren Übertragungspotential stehen.

Welche Enzyme werden durch Organophosphorverbindungen besonders stark gehemmt?
> Markantes Beispiel für diese Substanzklasse ist Diisopropylfluorophosphat.

* Welche Reaktionen werden durch Nucleosiddiphosphatkinasen (ATP : Nucleosid-diphosphat-phosphotransferasen) katalysiert?

* Auf welche Weise entsteht Methylmalonsäure-semialdehyd?
Starthilfe: Im Zuge des Valin-Katabolismus. — Zu welcher Verbindung wird die β-Aldehydsäure decarboxyliert? — Oxydation des entstandenen Aldehyds zu welcher Säure und wie deren weiterer Abbau?

Cystein liefert auf Umwegen einen Baustein, der oft als „Paarling" bezeichnet wird, und ist selbst Baustein eines funktionell bedeutungsvollen Tripeptids.

Wie verläuft der Katabolismus β-methylverzweigter Fettsäuren?
Starthilfe: Leucin-Abbau. — Primär-Reaktion?

Welches sind die Übergänge von der Metabolsequenz der Fructolyse zu der der Glykolyse?

Warum müssen wir zwischen glucoplastischen und ketoplastischen Aminosäuren unterscheiden?
Den Biochemiker interessieren natürlich primär die Metabolsequenzen der Aminosäuren, aber der Kliniker hat hierbei besondere Gesichtspunkte im Auge.

Inosinsäure kommt in freier Form in der Muskulatur vor. Hat sie eine besondere metabole Bedeutung?
Sie memorieren zunächst, auf welche Weise sie entsteht, und dann fällt Ihnen auch gleich ein, daß sie Muttersubstanz zweier Purinnucleotide ist.

Welche Bedeutung kommt Isopentenylpyrophosphat zu?
Auf welchem Wege entsteht es und wie kann es weiter reagieren?

Schreiben Sie den Endabbau des Acetyl-CoA bilanzmäßig auf.
Wird hierbei Sauerstoff verbraucht?

* Organische Quecksilber- und Arsenverbindungen sind potente Enzyminhibitoren. Auf welcher Reaktion beruhen diese Wirkungen?
Die Reaktionsprodukte bezeichnet man generell als Mercaptide. Die gleichen reaktiven Gruppen der Enzymproteine werden auch durch Umsetzung mit Derivaten des Jodacetats blockiert. Offenbar handelt es sich um chemische Gruppen innerhalb der Polypeptidketten der Enzyme, die an vielen enzymatischen Umsetzungen beteiligt sind.

* Welcher Enzymtyp katalysiert folgende Reaktion (als Beispiel):
$ATP + FMN \rightleftharpoons FAD + P_i$?

Wie entsteht Isovaleryl-CoA?
Starthilfe: Leucin-Katabolismus. — Wie wird diese Verbindung weiter abgebaut?

Vergleich der ATP-Bilanz von anaerobem zum aeroben Kohlenhydrat-
abbau.

Auf welchem Metabolwege wird Inosinsäure in Adenylsäure übergeführt?
Sie treffen hier auf eine besondere Art des Aminogruppentransfers,
den Sie bei der Purinbiosynthese und bei der Harnstoffbiosythese
wiederfinden.

Dimethylallyl-pyrophosphat steht unter der Katalyse einer Isomerase
im Gleichgewicht mit . . .?

Beschreiben Sie die Gleichgewichtsreaktionen Citrat — Isocitrat mit den
Nebenreaktionen.
Insgesamt vier Tricarbonsäuren, wenn man eine labile Zwischen-
stufe mitrechnet. — Das Enzym heißt . . .?

Wie entsteht Hydroxymethyl-glutaryl-CoA?
Starthilfe: Leucin-Katabolismus.

Genaue Formulierung der oxydativen Decarboxylierung und der reduk-
tiven Carboxylierung von Pyruvat.

Das metabole Schicksal von Alanin, Glutamat und Aspartat ist einfach.
Warum sind sie glucoplastisch?

Pyrophosphat ist kompetitiver Inhibitor für Succinat und hemmt auch
den Citratcyclus. Könnte es nicht ein Regulator für bestimmte Metabolsequenzen sein?
Offenbar doch nur, wenn es im Metabolismus gebildet wird, sich
bis zu inhibitorischen Konzentrationen anstaut und durch ein spezifisches Enzym gespalten wird, wodurch seine Konzentration wieder abnimmt. — Ist freies Pyrophosphat eine energiereiche Verbindung?

* Beschreiben Sie zwei ATP-abhängige Synthese-Reaktionen, bei denen
Pyrophosphat bzw. o-Phosphat als Nebenprodukte entstehen.
Die eine geht von Acetat, die andere von Glutamat aus. Welche
Unterschiede in Mechanismus und Anzahl der Reaktionsschritte
der beteiligten Enzyme und Zwischensubstanzen bestehen?

Glycin ist strukturell die einfachste Aminosäure und doch ist seine
metabole Bedeutung interessant, weil mehrfach abgewandelt.
Welche Bildungswege für Glycin? (Threonin kann im höheren
Säugetier zwar nicht synthetisiert werden, wird aber abgebaut!)
— C_1-Fragmente? — Purin-Synthese? — Fünf weitere Synthese-
wege!

Warum ist Leucin eine ketogene Aminosäure?
Weil es direkt zu Acetacetat und nicht Aceto-acetyl-CoA abgebaut wird, aber wie?

Schildern Sie die Reaktionsstufen vom Isocitrat bis zum Succinat im Citratcyclus.
1. Schritt: Reaktionsmechanismus und Enzym? — 2. Schritt: Einbezug von zwei Coenzymen, Zwischensubstanz. — 3. Schritt: Gewinnung von energiereichem Phosphat, aber an welchem Vehikel?

Was verstehen wir unter Ketogenese?
Sie gehen vom Namen aus. Ketosäuren entstehen..., aber welche hauptsächlich und aus welchen Ausgangsprodukten?

Welches Coenzym ist beim metabolen Übergang von Serin zu Glycin beteiligt und welches Derivat von ihm bei der Rückreaktion?
Dieses Coenzm besteht aus drei Molekelteilen und wird durch einen zweistufigen Enzymvorgang in seine eigentliche Wirkform überführt.

* Auf welche Weise entsteht Guanylsäure aus Inosinsäure?
Zunächst: Inosinsäure enthält Hypoxanthin als Purinbase, und Guanylsäure. — Dann: Zweistufige Reaktion, einmal Einführen einer Sauerstoff-Funktion, aber an welcher Ringstelle? — Dann Austausch derselben gegen eine NH_2-Funktion, aber durch welchen Mechanismus?

Gehören $NADH_2$ und $NADPH_2$ zur Gruppe der energiereichen Verbindungen?
Das Standardredoxpotential der Pyridinnucleotide beträgt —0,32 Volt. Daraus berechnen Sie die Änderung der standardfreien Energie und entscheiden die Frage.

Von ATP ausgehend können wir fünf Reaktionsklassen unterscheiden. Zu jeder beschreiben Sie ein repräsentatives Beispiel:
1. Phosphattransfer — 2. Pyrophosphattransfer — 3. Adenosin-5′-phosphattransfer — 4. Adenosintransfer — 5. Energielieferant für durch Synthetasen und Ligasen katalysierte Reaktionen.

Welche Aminosäuren wirken ketogen?
Besonders drei Aminosäuren, von denen aber die eine metabol in die andere übergeht.

Beschreiben Sie die Reaktionsschritte vom Succinat zum Oxalacetat im Citratcyclus.
Mit allen Einzelheiten. Welches Coenzym beim ersten Reaktionsschritt? — Isomerie des ersten Reaktionsproduktes?

Schildern Sie die besonderen Stoffwechselvorgänge beim Hunger.
> Wie lange halten die Glykogen-Vorräte der Leber des Menschen
> ohne Nahrungszufuhr? — Wie ändert sich die Stoffwechsellage,
> wenn das Leber-Glykogen verbraucht ist?

Die Sequenz der als Utter-Reaktion bezeichneten Gluconeogenese.
> „Unten" verläuft die Sequenz bei der Neubildung anders als beim
> Abbau. „Oben" gibt es auch Unterschiede, aber welche?

Das essentielle Methionin ist zweifacher Donator, aber in welchem
molekularen Zustand?
> Welche Umwandlung erfährt es zuerst durch Reaktion mit wel-
> chem Partner? — Dann kann es eine Gruppe abgeben und geht
> in ... über. — Schließlich wird noch der Schwefel transferiert. —
> Zwischenverbindung? — Endprodukte?

Harnsäure ist das metabole Endprodukt des Purinstoffwechsels bei den
anthropoiden Affen und den Menschen. Auf welchen Wegen gehen die
Purinderivate in Harnsäure über?
> Sie beschreiben zunächst die Struktur der Harnsäure. Die Sequen-
> zen von Guanosin zur Harnsäure und von Adenin zur Harnsäure
> unterscheiden sich etwas voneinander.

Schildern Sie die besondere Stoffwechsellage beim Diabetes mellitus.
> Sie müssen vom Kohlenhydratstoffwechsel ausgehen und dann die
> Wechselbeziehungen zwischen diesem und dem Fettsäurenstoff-
> wechsel schildern, wobei Sie die Namen der Verbindungen ver-
> wenden und nicht die Formelbilder hinzuzuziehen brauchen. Tip:
> Im Mittelpunkt dieser Stoffwechselanomalie steht die Überlastung
> des Citratcyclus mit Acetyl-CoA.

Welche Rolle kommt dem Guanosin-triphosphat in metaboler Hinsicht
zu?
> Starthilfe: Bildung von Phosphoenolpyruvat, aber aus welcher
> Vorstufe und durch welche Reaktion?

Die Transmethylierung liefert Methylgruppen zur Biosynthese von mehreren Stoffen.
> Auch kann die Methylgruppe rückübertragen werden, aber nur
> von welchem Donator? — Schließlich geht die Methylgruppe in
> eine andere C_1-Gruppe über, aber an welchem Vehikel?

Welche Reaktionen katalysiert die Xanthin-Oxydase und zu welcher
Gruppe von Enzymen zählt man sie?
> Sie hat keine große Spezifität. Die Zuordnung geschieht nach der
> chemischen Natur ihres Coenzym-Anteils.

* Gehören S-Adenosyl-methionin und Uridindiphosphat-Glucose zur Gruppe der energiereichen Verbindungen?
Die standardfreien Energien der Hydrolysen liegen für die erstgenannte Verbindung bei etwa —7 kcal·Mol^{-1} und für die letztgenannte bei —7,6 kcal·Mol^{-1}, also?

Auf welche Weise entledigt sich der Organismus der Anhäufung von Acetyl-CoA beim gesteigerten Fettsäurenabbau?
Wann ist der Fettsäurenabbau erhöht, bei einem normalen und einem pathologischen Status? — Die Kondensationsreaktion sollten Sie anhand von Formelbildern genau darstellen. Ist diese Kondensation etwa die Umkehr der thioklastischen Spaltung oder wird ein anderer Weg beschritten, um einen Reaktionspartner auf ein höheres Gruppenübertragungspotential zu heben?

Malat kann auf verschiedenen Reaktionswegen entstehen.
1. Hydratation von ...? — 2. Hydrierung von ...? — 3. Kondensation von ...?

Auf welche Weise kann Aceto-acetyl-CoA freies Aceto-acetat liefern?
In der Leber über Hydroxymethylglutaryl-CoA, in Niere und Muskel durch Umsetzungen mit Succinat. Bitte beide Möglichkeiten genau formulieren!

Unterschiede zwischen Glykosid und Glucosid.
Was ist Oberbegriff und was ist Spezialbegriff? — Raumstellung: α,β-Methylglykosid, α,β-Glucosid (Erinnerung an α,β-Glucose, Mutarotation). — Warum zeigen Glucoside keine Mutarotation? — Mit welchen „Aglykon-Gruppen" ist Glykosidbildung möglich?

Die Synthese von Kreatin benötigt eine Aminosäure und zwei Aminosäureteilstücke. Jetzt können Sie den Gesamtvorgang genau darstellen.

Vergleich einiger O-Glykoside und N-Glykoside.
Für beide Gruppen charakteristische Beispiele.

Wie erfolgt die Bildung von Hydroxymethylglutaryl-CoA und wie wird es weiter abgewandelt?

* Was ist Amygdalin und was ist Harn-Indikan?
Gibt es zwischen beiden Substanzen eine Strukturanalogie?

* α-Amino-β-keto-adipinat entsteht durch Kondensation eines Teilnehmers des Citrat-Cyclus und einer Aminosäure.
Zunächst erinnern Sie sich daran, was Adipinsäure ist und leiten von ihr das obige Derivat ab. Sie treffen unweigerlich auf den ersten Reaktionspartner, wenn Sie nun von α-Ketoglutarat aus-

gehen. Sie sollen aber auch die Formel des Reaktionspartners hinschreiben und erwähnen, welches sein metaboles Folgeprodukt ist: ein Ausgangsstoff zur Biosynthese funktionell bedeutungsvoller Zellpigmente.

Oxalacetat und α-Ketoglutarat sind Zwischensubstanzen des Citratcyclus. Haben sie noch weitere Beziehungen zu Metabolsequenzen?
Wenn ja, aus welchen Verbindungen und durch welche Reaktionen können sie unmittelbar entstehen?

Aus welchem Vorprodukt entsteht β-Hydroxybutyrat und wie kommt es zum Auftreten von Aceton in Harn und Exhalationsluft?

* Aminopterin und Amethopterin sind Folsäureantagonisten im höheren Säugetier. Da Folsäure ein Vitamin ist und also mit der Nahrung zugeführt werden muß, greifen die beiden genannten Substanzen in bestimmte Enzymmechanismen ein, die die Umwandlung der exogenen Folsäure in die eigentliche Wirkform katalysieren.
Über welche Zwischenstufe erfolgt sie? — Katalysiert durch ein Enzym oder durch zwei Enzyme und durch welche? — Welche Funktion übt die eigentliche Wirkform aus? — Welche Metabolsequenzen werden also durch die beiden Folsäureantagonisten inhibiert?

Schreiben Sie die allgemeine Bildungsgleichung für die durch UDP-Zucker-Pyrophosphorylasen bzw. Uridyltransferasen katalysierten Reaktionen hin.

Was versteht der Kliniker unter Acetonkörper?

Vergleichen Sie die Eigenschaften der Disaccharide des Maltose- und des Trehalosetyps.
Strukturunterschiede maßgebend für verschiedene chemische Verhaltenseigenschaften.

α-Amino-laevulinat entsteht aus einer Aminoketo-dicarbonsäure und ist Ausgangsstoff zur Biosynthese funktionell bedeutungsvoller Zellpigmente.
Das Vorprodukt besteht aus einem Teilnehmer des Citratcyclus und einer Aminosäure. Die gesuchte Verbindung reagiert aber nicht nur mehrstufig zu den Farbstoffen, sondern auch über einen Semialdehyd zu einem weiteren „Mitglied" des Citratcyclus. Damit ist ein Nebencyclus geschlossen. Wie heißt er? Sie können ihn jetzt sicher unschwer formulieren.

Bei vielen Säugetieren ist Harnsäure nicht das eigentliche Endprodukt des Purinstoffwechsels, sondern es geht noch eine Stufe weiter.
Weil diese Tiere noch ein Enzym besitzen, welches die Harnsäure aufspaltet. Wie heißen Enzym und Reaktionsprodukt?

Schreiben Sie die chemischen Namen neben die Trivialnamen folgender
Disaccharide: Cellobiose, Maltose, Lactose, Saccharose, Trehalose, Iso-
maltose.

Zuerst ordnen Sie die Namen in ein System nach den Struktur-
unterschieden, dann schreiben Sie die präzisen chemischen Namen
daneben und schließlich entwickeln Sie auch noch die Strukturformeln und memorieren über die sich daraus ableitenden Eigenschaften.

Wie heißen die Glykosidbindungen spaltenden Enzyme und welche
Reaktionen katalysieren sie im einzelnen?

Benennen Sie den Enzym-katalysierten Mechanismus der Rohrzucker-
synthese.

Welches Coenzym ist beteiligt? — Welches ist der Acceptor der
Glucosyltransfer-Reaktion? — Analogie zur Glykogensynthese? —
Kennt man auch die in-vitro-Reaktion mit Anthranilsäure als
Acceptor und wie heißt das Reaktionsprodukt? — Kommt dieser
in-vitro-Reaktion allgemeine biochemische Bedeutung in vivo zu?

Was ist aktivierte Glucose?

Träger-Co-Enzym und wie entsteht es? — Mindestens vier
verschiedene Umwandlungswege.

Wie entsteht Glycerophosphat und durch welches Enzym?

Glycerophosphat ist der Reaktionspartner zum Aufbau von...
zu...?

Sowohl Threonin als auch Glycin + aktivierte Essigsäure gehen in ein
Intermediat über, aus dem durch Decarboxylierung Aminoaceton entsteht. Beschreiben Sie nun den ganzen Reaktionscyclus.

Darin kommen auch Methylglyoxal und Lactat vor. Neben dem
Succinat-Glycin-Cyclus ein weiterer Abbauweg für Glycin. Es gibt
aber außer diesen beiden noch andere Abbausequenzen des Glycins.

Welche Schlüsse können sie daraus ziehen, daß in der DNA Adenin und
Thymin einerseits sowie Guanin und Cytosin andererseits im Molver-
hältnis 1:1 vorkommen?

Sie denken zunächst an die Doppelhelixanordnung nach Watson
und Crick, dann an bestimmte Bindungsarten, die die genannten
Basenpaare eingehen. Schließlich schildern Sie den molekularen
Prozeß, der durch das gefragte Phänomen eindeutig determiniert
ist.

Nennen Sie einige Oxidoreductasen und die durch sie katalysierten
Reaktionsmechanismen.

Wirken auf: 1. CHOH-Gruppen — 2. Aldehyd- und Ketogruppen
— 3. CH-CH-Gruppen — 4. CH-NH_2-Gruppen — 5. CH-NH-

Gruppen — 6. $NADH_2$ oder $NADPH_2$ — 7. Häm-Gruppen. — Von jeder Gruppe ein repräsentatives Beispiel.

Eine weitere enzymatische Abwandlung des Dihydroxyaceton-phosphats (nicht die Gleichgewichtseinstellung mit Glycerinaldehyd-phosphat).
Denken Sie an die Biosynthese der Phosphatidsäure.

Auf welche Weise entsteht Uridindiphosphat-glucose und welche metabolen Abwandlungen derselben kennen Sie?

Glycerinaldehyd vom Fructose-Abbau wird zu Glycerat dehydriert. Dieses kann zwei Metabolwege einschlagen.
Gibt es eine Glycerat-Kinase? — Kann Glycerat enzymatisch dehydriert werden? — Übergang in eine Aminosäure?

Wenn bei den Basenpaaren Adenin-Thymin und Guanin-Cytosin die Molverhältnisse 1:1 bestehen, stimmen dann in den DNA verschiedener Herkunft auch die Molquotienten $A + T/G + C$ überein?
Hieraus können Sie interessante Schlüsse ziehen.

Der metabole Übergang α-Ketoglutarat $\rightarrow$ Succinat ist nicht reversibel und schließt einige Zwischenstufen und auch Hilfsreaktionen ein. Bitte beschreiben Sie sie eingehend.

Nennen Sie einige Transferasen und die durch sie katalysierten Reaktionen.
Transferieren 1. C_1-Einheiten — 2. Aldehyd- oder Ketoreste — 3. Acylgruppen — 4. Glykosylgruppen — 5. N-haltige Gruppen — 6. P-haltige Gruppen — 7. S-haltige Gruppen. — Von jeder Gruppe ein repräsentatives Beispiel.

Wie wird Phosphatidsäure synthetisiert?
Reaktionspartner? — Welche Struktur? — Asymmetrisches C-Atom? — Was entsteht noch bei dieser Reaktion?

Durch welches Enzym katalysiert und durch welche molekulare Umwandlung entsteht Galaktose aus Glucose?
In Wirklichkeit entsteht zunächst gar keine Galaktose, sondern...? und primär gebunden an...? — Wie aber wird Galaktose-1-P frei? — Welches Enzym katalysiert diese Austauschreaktion? — Und wie entsteht freie Galaktose aus Galaktose-1-P? — Hier also Zusammenwirken zweier Enzyme!

Serin wird auf mindestens drei verschiedenen Wegen synthetisiert.
Der eine bedient sich eines C_1-Transfers, der andere eines Intermediats der Glykolyse und der dritte eines Intermediats der Fructolyse.

Beschreiben Sie, durch welchen Codierungsvorgang die Aminosäurensequenz bei der Polypeptid-Biosynthese festgelegt wird.
1. „Urarchiv" — 2. „Blaupause" — 3. „Ausdruck", jedoch: welche
Einheiten codieren jeweils eine Aminosäure? — Gibt es für manche
Aminosäuren mehrere Codons?

Wie entsteht aus Phosphatidsäure Neutralfett?
1. Enzymatischer Angriff an der Phosphatid-Molekel durch das
Enzym ...? — 2. Reaktion mit ... zum ...?

Was ist Galaktosämie und welches Enzym fehlt?
Ein „inborn metabolic error".

Valin, Leucin und Isoleucin haben ein nahezu ähnliches Schicksal beim
Katabolismus. Die Gemeinsamkeit in einem übersichtlichen Schema darzustellen, ist recht reizvoll.
Sie münden alle drei in die Abbauvorgänge von Fettsäuren ein
und zwar von methylverzweigten. Bei welchen Kohlenstoffgerüsten
besteht α- und bei welchem besteht β-Methylverzweigung und wie
sind die Stoffwechselunterschiede?

Was verstehen wir unter einem Triplet-Codon?
Die Codierung der Aminosäurensequenz von Polypeptiden, durch
welche Molekelanordnungen? — Nennen Sie ein bestimmtes Beispiel im „Urarchiv der DNA. Wie und durch welche Substanz wird
dies als „Blaupause" übertragen? — Welche Molekeleinheit gilt als
„Erkennungsregion" und eigentliche Determination der zu codie-
renden Aminosäuren?

Schildern Sie bitte Lokalisation, Eigenschaften und Funktion der Ribosomen.
Was bezeichnet man als Ergastoplasma oder endoplastisches Reticulum? Ribosomen sind „Druckmaschinen" für Polypeptidketten.
Welche Eigenschaften müssen sie selbst besitzen und was ist in den
technischen Druckmaschinen den Matrizen vergleichbar? — Sind
nicht mehrere solcher Druckeinheiten hintereinander geordnet und
wie nennt man sie? Welches Metallion wird noch benötigt?

Was bezeichnet man als Chylomikronen?
Starthilfe: Fettresorption.

Wie entsteht Saccharose aus UDP-Glucose?
Typus der Disaccharid-Synthese. — Analogon: Lactose.

Die Hydroxylierung des Phenylalanins zum Tyrosin ist eine bemerkens-
werte enzymatische Reaktion. An ihr sind sowohl molekularer Sauerstoff als auch zwei Coenzyme beteiligt.
Dieser mischfunktionelle Vorgang hat einen eigenen Oberbegriff,
weil er auch bei der Metabolisierung anderer aromatischer und

hydroaromatischer Verbindungen beschritten wird. Ein Coenzym
ist merkwürdigerweise Zubringer von Reduktionsäquivalenten, das
andere Coenzym kann auch eine reversible Redoxreaktion eingehen.

Nennen Sie einige Hydrolasen und Beispiele für die durch sie katalysierten Reaktionen.
 Wirken auf 1. Esterbindungen — 2. Glykosylverbindungen — 3.
Peptidbindungen — 4. Andere C-N-Bindungen als unter 3. —
5. Säureanhydridbindungen. — Von jeder ein repräsentatives Beispiel.

Zu welchen Syntheseprozessen dienen UDP-Glucosylamin und UDP-
Glucuronsäure?
 Zunächst: Auf welche Weise entstehen diese beiden Intermediate?
— Dann: Der Reaktionstyp (Welche Art von Transferreaktion?)
— Schließlich das Endprodukt (ein Heteroglykan).

Was sind Phosphatide?
 Phosphorsäure-diester, aber womit verestert? Es gibt mehrere Un-
tergruppen.

Was ist aktive Glucuronsäure, wie entsteht sie und wozu dient sie im
Organismus?
 An welches „Vehikel" ist die Ausgangssubstanz gebunden? — Wasserstoffacceptor? — Es gibt eine große Anzahl von Verbrauchs-
reaktionen für Glucuronsäure, Sie schildern nur einige charakteristische Reaktionstypen.

Der Katabolismus des Tyrosins verläuft über mehrere Zwischenstufen,
an denen echte Oxydationsvorgänge, also solche unter Einbezug molekularen Sauerstoffs, beteiligt sind. Den Endprodukten dieser Abbausequenz nach ist Phenylalanin bzw. Tyrosin sowohl eine ketoplastische
als auch eine glucoplastische Aminosäure. Bitte beschreiben Sie die Ab-
bauschritte.

* Was verstehen wir unter Transskription und Translation einer geneti-
schen Information?
 Also Abschrift und Übersetzung aus der Codonsprache in die
Aminosäurensequenz von Polypeptiden.

Auf welche Weise entsteht Geranyl-pyrophosphat?
 Ist eine C_{10}-Verbindung, dürfte wahrscheinlich aus zwei C_5-Ver-
bindungen gebildet werden.

* Betrachtet man die Redoxpotentiale des freien FAD und des NAD,
dann sollte man nicht annehmen, daß FAD durch $NADH_2$ reduziert

würde. Im Diaphorasesystem ist das aber doch der Fall. Wie kommt
das?
Numerische Größen der Redoxpotentiale? — Erklärung für dieses
Phänomen?

Was versteht man unter Lyasen? Beschreiben Sie einige durch Enzyme
dieser Gruppe katalysierte Reaktionen.
Spalten 1. C-C-Bindungen — 2. C-O-Bindungen — 3. C-N-Bindungen. — Von jeder ein repräsentatives Beispiel.

Welche Reaktion katalysiert UDPG-Epimerase?

Die Biosynthese des Cholins.
Woraus entsteht es, welche besonderen Eigenschaften, und wozu
dient es als Baustein? — Erläutern Sie auch die Besonderheit des
quartären Ammoniumions.

Ist Cellulose ein Homo- oder ein Heteroglykan?
Beschreibung des Aufbaus und der Eigenschaften von Cellulose. —
Kann man übrigens Cellulose in Lösung bringen und nativ wieder
ausfällen?

Die einzelnen Abbaustufen des Tyrosins werden durch Enzyme dataly-
siert, deren Biosynthese bei bestimmten Gen-Defekten vermindert oder
völlig blockiert ist. Sie sollten diese angeborenen Stoffwechselanomalien
kennen und auch einige der klinischen Hauptsymptome.

Vier codierende Einheiten sind in der DNA enthalten, aber 20 Aminosäuren müssen codiert werden. Wie geschieht das?
Man suche systematisch die Permutationen auf. Das günstigste
System ist das mit 64 Permutationen, aber wie erhalten wir diese
Zahl? 20 Aminosäuren benötigen aber nur 20 Möglichkeiten dieser
64 Permutationen. Was geschieht mit dem Rest von 44, wird er
verworfen?

Geranyl-pyrophosphat (C_{10}) addiert eine C_5-Verbindung zu ...?

Bei welchen Metabolprozessen spielt das NAD-FAD-Liponsäure-System
eine Rolle und welche?
Also ein mehrstufiges System, durch mehrere Enzyme katalysiert,
überträgt Wasserstoff und was bewirkt es noch weiter?

Was sind Isomerasen und welche Reaktionen katalysieren sie?
1. Racemasen — 2. Eigentliche Isomerasen. — Von jeder ein repräsentatives Beispiel.

Durch welchen Enzymprozeß entsteht UDP-Glucuronsäure?

* Läßt eine mathematische Beziehung mehr als ein reales Ergebnis zu, dann bezeichnet man sie als degeneriert. Gibt es ein biologisches Analogon zu diesem mathematischen Phänomen?

Molekularer Mechanismus der genetischen Codierung: 20 Aminosäuren durch 64 Permutationen von 4 Basen. Was ist „degeneriert"? — Der gesamte Code ist aber nach einem bestimmten System degeneriert.

Die Biosynthese des Colamins.

Woraus entsteht es, welche besonderen Eigenschaften, und wozu dient es als Baustein?

Wie ist Chitin aufgebaut?

Grundbaustein, Verwandtschaft zu ... im Aufbau? — Wo Vorkommen?

Malen Sie die Formeln von Lecithin und Kephalin hin.

Welche Basen in beiden Verbindungsklassen?

Aus welchen präparativ rein darstellbaren Bestandteilen besteht die native Stärke?

Beschreibung der relativen Zusammensetzung der nativen Stärke an diesen Bestandteilen, sowie deren Struktureigenschaften.

Ist Serin nur Eiweißaminosäure oder dient es auch anderwärts als Baustein?

Nicht als Betriebssubstanz, sondern als Bausubstanz wohlgemerkt!

Vom Tyrosin ausgehend wäre die Biosynthese der Catecholamine zu beschreiben, also von Noradrenalin und Adrenalin.

Zwei Hydroxylierungen, eine Decarboxylierung, ein C_1-Transfer, aber in welcher Reihenfolge?

An welchen Zellstrukturen erfolgt die Protein-Biosynthese und über welche Stufen verläuft sie?

Das komplexe Problem wird in Teilprobleme aufgegliedert und diese in eine systematische Form geordnet: a) Energetik der Peptidbindung, b) Festlegung der Aminosäurensequenz. — a: 1. Reaktionsschritt zur „Aktivierung" der freien Aminosäuren. 2. Reaktionsschritt: Übertragung auf welche Vehikel und an welchen Molekelteil derselben? Diese erfüllen zwei Funktionen, indem sie den Aminosäurerest auf höherem Gruppenübertragungspotential enthalten und zweitens ...? D. h. auf welche Weise ist diese gebundene Aminosäure codiert? — b: Fortschreitender Vorgang der Polypeptidsequenzbildung und Herstellung der Peptidbindung in den „Druckmaschinen" wären nun zu beschreiben.

Ersetzt man in einem vollständigen Versuchssystem zur Polypeptid-Biosynthese in vitro die m-RNA durch Polyuridinphosphat, dann entsteht auch ein Polypeptid. Aber wie ist es aufgebaut?

Man kann also auch vollsynthetische Matrizen verwenden. Das Ribosomen-System erkennt und verwertet sie nach den ihm von der Natur vorgezeichneten Mechanismen.

Ihrem Namen nach sollen Ligasen Enzyme sein, die eine chemische Bindung herstellen. Welche kennen Sie?

Bilden 1. C-O-Bindungen — 2. C-S-Bindungen — 3. C-N-Bindungen — 4. C-C-Bindungen. — Von jeder ein repräsentatives Beispiel.

Welche Verbindung entsteht durch Decarboxylierung von UDP-Glucuronsäure?

Kennen Sie Verbindungen mit Zwitterionen-Eigenschaften?

Molekularer Mechanismus der Jodstärke-Reaktion von Amylose?
„Einschlußverbindung", aber welche molekulare Anordnung?

Thyroxin ist zwar ein niedermolekulares Hormon, doch seine Biosynthese erfolgt in hochmolekularer Bindung der Ausgangssubstanz. Auch gibt es einen Zubringer- und einen Abgabemechanismus, sowie einen übergeordneten Steuerprozeß. Jetzt beschreiben Sie bitte den Gesamtvorgang.

1. In welchem Organ? — 2. Selektiv anreichernder Zubringermechanismus. — 3. An welchem Grundgerüst? — 4. Vereinigung zweier Teile zum Hauptteil. — 5. Wo sitzen die Jodatome? — 6. Ablösung aus dem makromolekularen Verband — 7. Gibt es nicht zwei verwandte Verbindungen? — 8. Abgabemechanismus ans Blut — 9. Dort Transportmechanismen — 10. Wirkungsqualitäten der beiden Stoffe — 11. Extracelluläre Regulation — 12. Hemm- und Förderstoffe, die medikamentös oder experimentell angewandt werden, sowie die Orte ihrer Hemmwirkungen.

* Gibt es für die Codierung einer Polypeptid-Biosynthese auch einen „Go"-Codon und einen „Stop"-Codon wie bei der Computer-Programmierung?

Man sollte sich diese an sich logische Einrichtung ansehen und merken.

* Was verstehen wir unter konzertierter Säuren-Basen-Katalyse?

Das Konzept der Säuren-Basen-Katalyse stammt von Brönsted. Bestes Beispiel: Übergang von α-D-Glucose in β-D-Glucose. Es wird angenommen, daß sie allgemein eine wichtige Rolle bei der Enzymkatalyse spielt. Hierzu geben Sie einige Erläuterungen.

Stellen Sie alle Stoffwechselreaktionen zusammen, bei denen Uridinnucleotid-Coenzyme beteiligt sind.

Während Adenosinnucleotid und Uridinnucleotid als Gruppentransferagenzien für Substrate auf dem Acyl- oder Aldehydoxydationsniveau beteiligt sind, findet man bei Transferreaktionen von Substraten auf dem Alkoholoxydationsniveau Cytidinnucleotid beteiligt. Beschreiben Sie einige solcher Transferreaktionen.
>   Wie entstehen CDP-Alkohole biosynthetisch? — Zwei Transferreaktionen im Bereich der Biosynthese von Phosphatidyl-Verbindungen. — Bemerken Sie, daß bei Transferreaktionen, an denen Adenosin- und Uridinnucleotide beteiligt sind, Acylphosphat- und Glucosylphosphatbindungen gespalten werden, bei Transferreaktionen, an denen Cytidinnucleotide mitwirken, dagegen eine Pyrophosphatbindung gespalten wird.

Was sind Betaine?
>   Welche einzelnen Vertreter? — Allgemeines Charakteristikum.

Der Hauptabbauweg des Tryptophans umfaßt einige wichtige Zwischenverbindungen. Welche sind es?
>   Das erste Umwandlungsprodukt ist Lieferant einer C_1-Einheit. Welche Trägersubstanz übernimmt es? — Weiter hinten kommt es zu einer interessanten Ringöffnung und zu einem neuerlichen Ringschluß in anderer Anordnung. Endprodukt dieser Sequenz?

Was ist Amylopektin?
>   Vorkommen, Aufbau, Eigenschaften, Strukturverwandtschaft zu . . .?

* Nennen Sie einen spezifischen Hemmstoff für die m-RNA.
>   Das wäre doch die Blockierung der Transskription von der DNA zur m-RNA durch ein Antibioticum, das übrigens auch zur Chemotherapie einiger Malignome gebraucht wird.

* Beschreiben Sie die Zweischritt-Reaktion von Methylglyoxal zu Lactat.
>   1. Schritt: Durch Glyoxalase I katalysiert, unter Einbezug eines Tripeptid-Coenzyms. — 2. Schritt: Durch Glyoxalase II katalysiert, führt zur Hydrolyse eines Thiolesters unter Regeneration des Coenzyms. Die Glyoxalase-Reaktion schließt eine interne Hydridwanderung beim Thiosemiacetal-Intermediat ein.

Gibt es neben dem ADP/ATP-System noch andere Nucleosiddiphosphat- und Nucleosidtriphosphat-Systeme, die Acceptoren für energiereiches Phosphat sind?
>   Zunächst Beschreibung dieser Systeme selbst, dann deren Funktionsorte im Gesamtmetabolismus und schließlich, ob „Querverbindung" zum ADP/ATP-System besteht.

Welche kompetitive Hemmwirkung weist Malonsäure bei welchem
Enzymsystem auf?

Gibt es ein „normales" Derivat der Malonsäure und welche Funktion in welcher Metabolsequenz übt es aus? Denken Sie jetzt daran, daß viele Säurereste metabol nur dann manipuliert werden können, wenn sie auf einem höheren Gruppenübertragungspotential an ein Vehikel gebunden sind.

* Glutathion wirkt als Coenzym bei der Formaldehyddehydrogenase-Reaktion und der Maleyl-acetoacetat-isomerase-Reaktion mit. Formulieren Sie beide Reaktionen.

Was ist Sphingosin?

Struktur. — Baustein wofür? — Derivate. — Biosynthese.

Molekularstruktur des Glykogens.

Teilchengröße, Unterschied zwischen Muskel- und Leberglykogen, Baustein, Verknüpfungsart, Verzweigungsgrad, Färbung mit Jod.

Welche Ausscheidungsprodukte des Tryptophanstoffwechsels finden wir
im Harn?

Darunter auch eine Substanz, die ursprünglich durch Darmbakterien entstanden, über den enterohepatischen Kreislauf wieder in das Körperinnere gelangt, dort als „Giftstoff" empfunden und infolgedessen in der Leber entgiftet wird.

Nennen Sie spezifische Hemmstoffe für die Polypeptid-Biosynthese an
den Ribosomen.

Diese sind ebenso wie das die m-RNA-Synthese hemmende Actinomycin Antibiotica.

Auf welche Weise entsteht Farnesylpyrophosphat?

Ist eine C_{15}-Verbindung, dürfte wahrscheinlich aus einer C_{10}- und
einer C_5-Verbindung gebildet werden.

Und nun beschreiben Sie den Ablauf des gesamten Citratcyclus, angefangen von der Starterreaktion einmal herum bis zum Ausgangspunkt
mit allen Zwischenreaktionen.

Da früher alle Einzelreaktionen abgefragt wurden, wiederholen Sie jetzt zur Übung noch einmal das Ganze. Vergessen Sie auch nicht die Reaktionsstellen der CO_2-Produkte und den Ort der Entstehung eines energiereichen Phosphats zu erwähnen. Zur Vervollständigung sollten Sie auch etwas über die Energiebilanz des Cyclus sagen, wobei Sie noch nicht die Atmungskette einbeziehen sollen.

An folgenden Reaktionen ist Pyridoxalphosphat als Coenzym beteiligt. Formulieren Sie nicht nur die Reaktionsgleichungen, sondern auch die Intermediate mit dem Coenzym:

  a) Racemisierung optisch aktiver Aminosäuren (z. B. Alanin) — b) Transaminierung (z. B. Glutamat-Oxalacetat:Aspartat-α-Oxoglutarat) — c) Decarboxylierung von Aminosäuren (z. B. Histidin) — d) α,β-Eliminierung (z. B. Dehydratisierung von Serin) — e) β,γ-Eliminierung (z. B. Desulfurierung von Homocystein) — f) Synthese von Tryptophan aus Serin und Indol — g) Dealdolisierung von Serin zu Glycin und Formaldehyd.

Was sind Inosit-phosphatide?

  Allgemeine Formulierung. — In welchen Organen aufzufinden?

Welche enzymatischen Abbauvorgänge an den Homoglykanen Ihrer Nahrung bei der Passage durch den Magen-Darm-Kanal kennen Sie?

  Zunächst: Welche sind es? 1. Angriffsort, 1. Angriffsmechanismus, Enzym, Endprodukte.

Die erste Abbaustufe des Histidins ist eine Substanz, die bereits vor mehreren Jahrzehnten von einem Japaner im Hundeharn aufgefunden und auch danach benannt worden ist. Welche ist es?

  Die Eliminierung des -Aminostickstoffs erfolgt hierbei nach einem α,β-Mechanismus, den wir im Prinzip aber in anderer Ausführung und durch einen anderen Reaktionspartner geliefert, bei zwei anderen Metabolprozessen antreffen.

Funktionelle Derivate der Tetrahydroformyl-folsäure.

  Welche C_1-Gruppen können an diesem „Vehikel" gebunden sein, ineinander übergehen, transferiert werden? — Wie heißt die Transferase? — Wie entsteht überhaupt Tetrahydroformyl-folsäure, durch direkte Tetrahydrierung der Folsäure oder durch zweistufige, jeweils getrennt voneinander durch eigene Enzyme katalysierte Hydrierungen?

* Der Biologe ordnet der Definition des Gens drei Merkmale bei: Merkmalsauslösung, identische Reduplikation und Mutation. Was kann man hierzu aus biochemischer Sicht sagen?

  Lokalisation der Gene, chemische Natur, identische Reduplikation des chemischen Genträgers, chemische Veränderung durch Mutation, Transkription, Translation.

Allgemeines Bauprinzip der Cerebroside.

  Welche Kohlenhydratkomponenten?

Wirkungsunterschied zwischen α-Amylase und β-Amylase.

  Wirkungsspezifität, Hauptvorkommen, Endprodukte ihrer Wirkung.

Das vorletzte Endprodukt des Histidin-Abbaus liefert eine C_1-Einheit, die von einem Vehikel aufgenommen und transferiert wird. Wie heißt die Substanz, welches ist der C_1-Acceptor und wie geht es weiter?

Es verbleibt letztlich eine andere Aminosäure, die direkten Zugang zum Citratcyclus hat, wenn die Aminogruppe transferiert wird.

Beschreiben Sie einen direkten Biosyntheseweg für Desoxyribose-5-phosphat, bei dem eine Desoxyriboaldolase mitwirkt.

* Beschreiben Sie aus biochemischer Sicht die biologischen Prozesse der Mutation.

Welcher chemische Erbträger wird mutiert? — Punktmutation, Blockmutation. — Gibt es bestimmte, den biologischen Systemen inhärente Mutationsraten (Spontanmutation), oder wird jede Mutation exogen ausgelöst (induzierte Mutation)? Wenn ja, dann bestünde die Wirkung der „Mutagene" nur in der Erhöhung der inhärenten Mutationsrate.

Auf welche Weise entsteht Squalen?

Ist eine C_{30}-Verbindung, dürfte wahrscheinlich aus zwei C_{15}-Verbindungen gebildet werden.

Jetzt gehen Sie von der metabolen Gesamtbilanz des Citratcyclus aus und überlegen, welches die Endprodukte des eingeschleusten Acetylrestes sind. Wieviele an Coenzyme gebundene H-Atome resultieren bei einmaligem Cyclus und wieviele Moleküle ATP werden via Atmungskette daraus gewonnen?

Schließlich zählen Sie noch das eine im Cyclus direkt entstandene energiereiche Phosphat (welches Vehikel?) hinzu und Sie erhalten die energetische Gesamtbilanz vom einmaligen Citratcyclus + Atmungskette in Form gewonnener ATP.

Thiamin-pyrophosphat ist Coenzym für drei Enzym-katalysierte Reaktionstypen: Nichtoxydative Decarboxylierung von α-Ketosäuren, oxydative Decarboxylierung von α-Ketosäuren und Bildung von α-Ketolen (Acyloinen). Geben Sie repräsentative Beispiele für diese Reaktionstypen.

In allen drei Fällen können sie auch von Pyruvat ausgehen. Der ersterwähnte Reaktionstyp ist am leichtesten zu formulieren. Der zweite Typ involviert Sauerstoff als letzten Wasserstoffakzeptor. Es sind jedoch noch andere Coenzyme erforderlich und es handelt sich um eine komplexe Enzym-katalysierte Metabolsequenz. Auch bleibt dieser Reaktionstyp nicht auf Pyruvat beschränkt (welche anderen α-Ketosäuren?). Den dritten Typ formulieren Sie am besten zwischen zwei Molekeln Pyruvat zu Acetoin oder Pyruvat + Acetaldehyd ebenfalls zu Acetoin. — Besteht nicht eine Parallele zwischen diesem Reaktionstyp und einer Zwischenreaktion beim Pentoseweg (Transketolase-Reaktion)?

Allgemeines Bauprinzip der Ganglioside.
Welche Kohlenhydratkomponenten?

Mechanismus der Phosphorylase von Homoglykanen.
Analogie zur Hydrolyse, Spaltprodukte, Enzym, Vorkommen.

Prolin ist Baustein bestimmter Proteine. Wie wird es synthetisiert, was für eine Gruppe von Proteinen enthält es und wie wird es wieder abgebaut?

* Das klassische, fundamentale Experiment zur Erkennung der DNA als chemischem Äquivalent der Gene stammt von Avery (1944). Sie als Biochemiker sollten dieses Transformationsexperiment kennen und nun beschreiben.
Starthilfe: Überführung der genetischen Information aus den Pneumococcen Typ III auf Typ II.

Zwei Farnesyl-pyrophosphat-Molekeln werden zu ... vereinigt.

Die Energieausbeute von Citratcyclus + Atmungskette bei der indirekten Oxydation eines Acetylrestes läßt sich in Form gewonnener Moleküle ATP angeben. Legt man der energetischen Betrachtung jedoch die produzierte chemische Energie in Form von Kalorien zugrunde, dann ergibt sich eine andere Bilanz.
Wie groß ist die kalorische Gesamt-Ausbeute und wieviel wird davon wieder in Form von chemischer, metabol verfügbarer Energie gespeichert? — Wie groß ist der Wirkungsgrad dieses Systems und auf welche Weise wird die „Rest-Energie" verwendet?

* Welche Rolle spielt Thiamin-pyrophosphat bei der Transketolase-Reaktion? Besteht bei dieser Zwischenreaktion nicht eine Parallele zur Acyloinbildung aus Pyruvat und Acetaldehyd?

Was sind Sulfatide?
Der Name erinnert zunächst an Phosphatide, aber es ist doch etwas anderes, denn anstelle des Glycerins...? — und Schwefel, d. h. Sulfat ist auch drin.

Durch welchen mehrstufigen Vorgang wird inaktive Phosphorylase b in aktive Phosphorylase a umgewandelt?
Beteiligung von 1.: zwei Hormonen (also extracellulärer Regulationsprozeß) 2.: einem AMP, aber welchem? 3.: dessen Wirkung auf einen Enzymprozeß. — Schönes, übersichtliches Reaktionsschema hinschreiben.

Die Umwandlung des Prolin in Hydroxyprolin erfolgt nur in makromolekularer Bindung. Um welche makromolekulare Substanzgruppe handelt es sich und ist die Hydroxylierung reversibel?

Mechanismus des Hydroxylierungsprozesses. — Ist eine Hilfssubstanz für diesen Emzymprozeß notwendig, etwa ein „Vitamin"?

Im Gehirn verläuft der Citratcyclus etwas anders als in der Leber: unter Umgehung der oxydativen Decarboxylierung. Welche Zwischensubstanzen entstehen hierbei und wie verläuft also die Sequenz von α-Ketoglutarat zu Succinat?

„Entgiftung" von NH_4^+ spielt hierbei eine Rolle. Kennen Sie eine pharmakologische Wirkung der γ-Aminobuttersäure?

In welchen Organen kommen Phospho- und Glykolipide besonders angehäuft vor?

Aufgrund ihrer hydrophoben Eigenschaften haben sie welche Aufgaben?

Warum wird beim enzymatischen Glykogen-Abbau der durch die Glucokinase katalysierte Reaktionsschritt gespart?

Inwiefern besteht ein enger Zusammenhang zwischen den Metabolismen von Prolin, Glutamat und Arginin?

* Nennen Sie ein Beispiel von Mangelmutanten, durch die die Ein-Gen-ein-Enzym-Hypothese zu beweisen wäre.

„Die Steuerung bestimmter biochemischer Reaktionen durch Gene beruht darauf, daß von diesen Genen die Produktion der entsprechenden spezifischen Enzyme veranlaßt wird" (*C. Bresch:* „Klassische und molekulare Genetik", Springer-Verlag 1964). — Von welchem biologischen Objekt, z. B. der „klassischen" Taufliege Drosophila melanogaster oder dem ebenfalls klassischen Versuchsobjekt, dem weißen Brotschimmel Neurospora crassa, Sie diese Mangelmutante wählen, ist gleichgültig. Es gibt viele Beispiele, die schönsten aus den Sequenzen des Tryptophan- oder des Phenylalanin-Katabolismus.

Die bakteriostatische Wirkung von Sulfonamiden wird durch p-Aminobenzoesäure wieder aufgehoben. Inwiefern?

p-Aminobenzoesäure ist für das höhere Säugetier kein Vitamin, aber es ist „Wuchsstoff" für viele Bakterien (solche, die es nicht selbst synthetisieren können). Welcher auch von Bakterien im intermediären Stoffwechsel benötigte Co-Faktor enthält p-Aminobenzoesäure als Molekelbestandteil?

* Formulieren Sie die Cyclisierung des Squalen zu Lanosterin.

* Was verstehen wir unter anaplerotischen Reaktionen?
Der Ausdruck stammt von *Kornberg*. Durch Förderung oder Hemmung dieser Reaktionen können ganze Stoffwechselsequenzen gesteuert werden. Nennen Sie einige Beispiele und beschreiben Sie deren besondere Bedeutung für den Gesamtmetabolismus.

Kennen Sie ein Synonymum für Phosphatidyl-äthanolamin?
Diese Frage ist nicht als „Nomenklatur-Juristerei" gedacht, sondern Sie sollen zwei gleichgebräuchliche Namen mit einer Strukturformel assoziieren, die Sie niederschreiben mögen.

Welche Reaktion katalysiert die Phosphoglucomutase?

Gegenüber dem Haupttrend des Metabolismus aller übrigen Aminosäuren nimmt Lysin eine Sonderstellung ein. Warum?

Bei welcher Metabolsequenz entsteht Formiminoglutamat und durch welche Reaktion geht es in Glutamat über?
Eine von mehreren Möglichkeiten des C_1-Transfers!

Ist die direkte enzymatische Methylierung der Colamin-kephaline mit S-Adenosylmethionin zu Lecithin möglich?
Wenn so suggestiv gefragt wird, muß es wohl so sein, aber wie formulieren?

Wenn im Zuge eines Verdauungsvorgangs die Leber mit Glucose durch das Pfortaderblut überschwemmt wird, wie weicht sie dieser Flut aus?
1.: Ist die Leberzelle für Glucose frei permeabel? (Im Vergleich zur Muskelzelle) — 2.: 1. Reaktionsschritt: Glucose zu ... durch das Enzym ... unter Zuhilfe von ...? — 2. Reaktionsschritt: Ist eine P-Wanderung von ... nach ... katalysiert durch ...? — 3. Reaktionsschritt: Übertragung von ... auf ... katalysiert durch ...? — 4. Reaktionsschritt: Übernahme des Glykosylrestes von ..., katalysiert durch ... auf ...? — Welche Bindungsart? — Welches Enzym katalysiert Kettenverlagerung?

Was sind Lysolecithin und Lysokephalin?
Durch welche Enzyme entstanden? — Welche besonderen Funktionen üben sie aus?

Was verstehen wir unter Transglykosidierung?
Was wird übertragen und auf welches „Startermolekül"?

Mit dem Metabolismus des Cysteins ist der des Schwefels über Sulfat eng verknüpft. Beschreiben Sie die Zusammenhänge.

Die Raumstruktur des Inosits.
    Exakte chemische Bezeichnung: Hexahydro-hexahydroxybenzol (Cyclit), aber welche Raumstellung der OH-Gruppen? myo-Inosit, Mesoform.

Was sind Mucopolysaccharide?
    Haben sicher etwas mit Schleim zu tun. — Baustein. Bauprinzip. Beispiele.

* Formulieren Sie die von N^5,N^{10}-Methylen-tetrahydrofolsäure zu Thymin und Hydroxymethylcytosin sowie die von N^5,N^{10}-Methenyl-tetrahydrofolsäure zu Purinen führenden Metabolsequenzen.

Erläutern Sie die Struktur des Monophospho-inosit.
    Es gibt also auch Diphospho- und Triphospho-inosite. Durch welche OH-Gruppe ist Inosit mit welchem Bindungspartner verbunden?

Welche Funktionen von Aminozuckern und Uronsäuren kennen Sie?
    Gemeint sind Baufunktionen, also Aufbau höherer komplizierterer Molekel.

Durch enzymatische Decarboxylierung von Aminosäuren entstehen biogene Amine, zwar nur in geringen Mengen, doch von großer biologischer Bedeutung. Sie beschreiben bitte die Reaktionsprodukte und ihre Funktionen von: Histidin, Tryptophan, 5-Hydroxy-tryptophan, Threonin, Cystein, Aspartat und Glutamat.

* Bei Mikroorganismen und Pflanzen trifft man auf eine Variante des Citratcyclus, eigentlich einen Adnex desselben. Da er Glyoxylat einschließt, nennt man ihn auch Glyoxylatcyclus. Wie verläuft er?
    Erste Reaktion ist die Umkehrung einer Aldol-Reaktion, zweite Reaktion eine Kondensation. Welche Zwischenprodukte? — Wie heißen die beiden Enzyme? — Kommen sie auch in Organen höherer Säugetiere vor?

Was ist Phytinsäure?
    Eine Säure. „Phyto" ist Bestimmungswort von Zusammensetzungen mit der Bedeutung „Pflanze", steht im Fremdwörterduden.

Welche Gerüstsubstanzen von Bindegewebe oder Schleimstoffen sind Ihnen bekannt?

Wie entstehen Cadaverin, Putrescin und Agmatin und welche physiologische Bedeutung kommt ihnen zu?

* Was ist Kardiolipin?
    Deutet auf eine im Herzmuskel vorkommende Substanz hin, die
    lipide Eigenschaften zeigt. — Welche Struktur?

Ist Schwefelsäure Baustoff höherer Verbindungen und von welchen?

Welche Struktur hat das Gewebshormon Histamin, wie entsteht es und
welche physiologische Wirkung kennen Sie?

Gibt es im höheren Säugetier einen direkten metabolen Übergang von
Fettsäuren zu Kohlenhydraten?
    Wenn nicht, welche Enzyme fehlen? — Wie verläuft ein solcher
    hypothetischer Übergang? — Ist er nicht etwa in anderen Lebewe-
    sen angelegt? — Wie würden sonst Pflanzensamen, die reich an
    Lipiden sind, ihren Kohlenhydratumsatz tätigen?

Nun wären die Plasmalogene zu erläutern.
    ... Enoläther ... Plasmareaktion nach *Feulgen* ... Gesamtformel
    für diese Verbindungsgruppe. — Welche Basenbestandteile?

* Was ist Iduronsäure und welche Bedeutung hat sie?
    Vergleich zu Glucuronsäure. Baustein welcher Stoffe?

Serotonin ist ein Gewebshormon. Ausgangsprodukt, Entstehungsweise
und Wirkungen?

* Auf welche Weise entsteht Lanosterin aus Squalen?

Welcher grundlegende Unterschied besteht zwischen der technischen
Energiegewinnung in einer Verbrennungsmaschine und der biologischen
Energiegewinnung in einem Mitochondrium?
    Fünf Aspekte: 1. Verfolgen Sie den Sauerstoff. — 2. Verfolgen Sie
    den Kohlenstoff. — 3. Verfolgen Sie die Zeitfunktionen der
    Energiebildung. — 4. Verfolgen Sie die Mechanismen der Energie-
    verwertung. — 5. Beschreiben Sie die Milieubedingungen beider
    Reaktionen.

Auf welchem Wege erfolgt die Phosphatid-Biosynthese?
    Geht doch sicher aus von Phosphatidat, also auch dem Vorpro-
    dukt der Neutralfette, aber was findet nicht statt und womit
    Reaktion zum Endprodukt?

Was ist Hyaluronsäure?
    Vorkommen, Aufbau, Funktion. Wichtiges spezifisches Enzym.

β-Alanin ist Baustein eines Coenzyms. Wie entsteht es und welche Struktur besitzt das Coenzym?

Zum Aufbau des letzteren wird ein Vitamin und noch ein Decarboxylierungsprodukt einer Aminosäure benötigt!

Der Übergang von NAD zu NADH führt zur Ausbildung eines neuen Asymmetrie-Zentrums. Gibt es NAD- und NADH-abhängige Dehydrogenasen, die jeweils nur mit einer der beiden Diastereomeren der reduzierten Form fungieren?

Falls Sie es in Ihrem Lehrbuch nicht finden sollten: L-Lactat-Dehydrogenase aus Herzmuskel mit der α-Form, L-Glutamat-Dehydrogenase aus Leber mit der β-Form, als zwei repräsentativen Beispielen. — Die Reduktion von Acetaldehyd zu Äthanol durch Alkoholdehydrogenase ist in bezug auf das Substrat auch stereospezifisch. Wieso?

Welche Funktion hat Cytidin-diphosphat?

Ein spezifisches gruppenübertragendes Coenzym, aber wie entsteht eine Bindung zu der zu transferierenden Gruppe?

Was wissen Sie von der Hyaluronidase?

Substrat des Enzyms, sein Vorkommen, seine physiologische Bedeutung (u. a. spreading factor, Spermatozoen-Mechanik).

γ-Aminobutyrat kommt im Nervengewebe vor. Wie entsteht es und welche Funktion kennen wir bis jetzt von ihm?

* Wie erfolgt die Cholesterin-Bildung aus Lanosterin?

Schreiben Sie die Summengleichungen der biologischen Oxydation von Glucose und einer Fettsäure (C_{16}) mit den molaren Verbrennungswärmen hin.

Welche metabole Anomalie liegt bei der erbbedingten Porphyrie vor?

Die „Aktivierung" des Cholins.

Womit reagiert vorgebildetes Cholin zuerst und womit reagiert das Reaktionsprodukt des Primärprozesses dann? Formulierung in vereinfachter Schreibweise.

Was ist Chondroitinschwefelsäure?

Analogon von...? — Baustoff in welchem Gewebe? — Unterscheidung von...?

Die Darmflora baut ihr überlassene Aminosäuren zu Stoffen ab, die für den Wirtsorganismus toxisch sind, wenn sie im Dickdarm resorbiert werden. Nennen Sie einige und beschreiben Sie die Wege zu ihrer Entgiftung in der Leber.

* Ist das Genom jeder Somazelle totipotent und wie kommen die Spezialfunktionen der Zellen differenzierter Organe zustande?
> Enthalten die Zellkerne aller Somazellen das gleiche Genom wie die Zygote? — Wenn ja, von welcher Art wäre dann die Blockade bestimmter Gene?

Die Anzahl von FMN oder FAD als Co-Faktoren benötigenden Enzymen ist groß, doch kann man die durch solche Enzyme katalysierten Reaktionen in Gruppen einteilen. Für jeden Typus geben Sie ein repräsentatives Beispiel.
> Dehydrierung von a) Pyridinnucleotiden — b) α-Aminosäuren — c) α-Hydroxysäuren — d) Aldehyden — e) Verbindungen mit gesättigten C-C-Bindungen.

Warum ist bei Diabetikern auch der Cholesterin-Blutspiegel gegenüber gleichaltrigen gesunden Menschen erhöht?

Beim biologischen Abbau der Hauptnährstoffe werden die C-C-Ketten durch ganz verschiedene Enzymmechanismen bis zu welcher Kettenlänge verkürzt und nach welchen Mechanismen werden diese dann zu CO_2 abgebaut?
> Es scheint sich im Zuge des Endabbaus also um ein Sammelbecken zu handeln, einer Art Vorrat für den „Verkehrsknotenpunkt" des Metabolismus, aus dem es dann über ein cyclisches Geschehen zu den eigentlichen Endprodukten weitergeht. — Reaktionsorte der CO_2- und H_2O-Bildung?

Beschreiben Sie den metabolen Übergang vom Uroporphyrin III zum Häm.
> Abwandlungen an den Seitenketten. — Was ist Koproporphyrin III? — Wie entstehen die Vinylgruppen? — Auf welcher Metabolstufe wird Eisen eingelagert?

Welche Funktion hat Cytidin-diphosphatcholin?
> Irgendwie mit der Phosphatid-Biosynthese zu tun, aber wie? — Prozesse formulieren, sowohl die Bildung als auch die Weiterreaktion dieser Verbindung.

Welchen Baustein enthält Dermatansulfat?
> Auch Chondroitinsulfat B genannt.

Alle Merkmale der Stoffwechselanomalien Phenylketonurie, Alkaptonurie, Tyrosinosis, Cystinosis, Ahornsirupkrankheit, Histidinämie, Oxalose wollen Sie bitte unter einem gemeinsamen Gesichtspunkt beschreiben.

Beschreiben Sie an einem Beispiel den Vorgang der Enzyminduktion.
Auf welcher Stufe des mehrstufigen Gesamtvorgangs der Enzym-Protein-Biosynthese erfolgt die Induktion? Molekularer Mechanismus. Beteiligung eines Steroids oder eines anderen Hormons?

Biotin ist Coenzym für zwei Typen enzymkatalysierter Reaktionen: a) ATP-abhängige Carboxylierung unter Aufspaltung des ATP in ADP und P_i, b) Carboxylaustausch zwischen zwei Substraten. Geben Sie repräsentative Beispiele für diese beiden Reaktionstypen.
Ein die Reaktion a katalysierendes Enzym heißt Acetyl-CoA: CO_2-Ligase (ADP), ein die Reaktion b katalysierendes Methylmalonyl-CoA: Pyruvat-Carboxyl-Transferase.

Welche Bedeutung kommt dem 7-Dehydrocholesterin zu?
Entsteht in der Leber, wird aber in einem andren Organ in eine bedeutungsvolle Verbindung umgewandelt, aber wodurch?

Beschreiben Sie den Mechanismus der Wasserbildung beim biologischen Endabbau der Hauptmetabolite.
Ist er nicht der wichtigste energieliefernde Vorgang? — Gibt es neben der Verwendung des Sauerstoffs zur Wasserbildung auch noch andere, direkt Sauerstoff-verbrauchende Enzymreaktionen und muß man diese energiebilanzmäßig berücksichtigen?

* Beschreiben Sie die mesomeren Zustände des Ferroprotoporphyrins, also des Häm, die zur Stabilisierung des gesamten Molekelsystems führen.
Welche Raumordnung hat dieses Molekelsystem? — Wieviele Koordinationsstellen des Fe werden vom organischen Ringsystem besetzt?

Die zwei Reaktionswege zur Biosynthese der Phosphatidyl-choline (Lecithin).

Was wissen Sie vom Aufbau des Kollagens?
Neben Proteinen insbesondere...

Was verstehen wir unter dem „metabolic pool" oder auf deutsch der labilen Mischphase beim Aminosäurenstoffwechsel?

* Was verstehen Sie unter einem Operon?
Aus welchen funktionellen Einheiten besteht es und wie wird seine Aktivität reguliert? Am Anfang eines Operons sitzt was für eine Funktionseinheit? — Wir unterscheiden also zwischen...-Gen und ...-Genen.

Gallensäuren, ihre Biosynthese und Aufgaben?
Wo entstehen sie? — Enterohepatischer Kreislauf, Abbau.

Definieren Sie anhand von Reaktionsgleichungen die beiden Vorgänge
der Oxydation und der Reduktion.
Mehrere Systeme: 1. ausgehend vom molekularem Wasserstoff. —
2. ausgehend vom molekularem Sauerstoff. — 3. Ersatz des letzteren durch Hämin-Fe. — 4. ein Chinon-System.

Von den 6 Koordinationsstellen des Fe im Häm werden nur 4 durch das
organische Grundgerüst besetzt. Wozu dienen die beiden übrigen Koordinationsstellen, zum Beispiel beim Hämoglobin?
Welches ist die bindungsfähige Gruppe in den Polypeptidketten
des Hämoglobinproteins?

* B_{12}-Coenzyme sind für fünf Typen enzymkatalysierter Reaktionen
erforderlich, für die Sie repräsentative Beispiele geben wollen.
a)   Methylmalonyl-CoA-Mutase   (Methylmalonyl-CoA : CoA-
Carbonyl-Mutase) — b) Glutamat-Mutase (L-threo-3-Methylaspar-
tat-carboxyaminomethyl-Mutase) — c) Dioldehydrase — d) Enzyme für die Biosynthese von Methionin aus Homocystein —
e) Enzym für die Transformation $CDP \to dCDP$ (d. h. Übergang
von der Ribosyl- zur Desoxyribosyl-Reihe).

Ist es berechtigt, Glutamat wenigstens für eine einzige Enzymreaktion
als Vorstoß eines Coenzyms zu bezeichnen, während es sonst noch nur
Metabolit ist?
Starthilfe: Initialreaktion des Harnstoffcyclus.

Anhand eines vereinfachten Formelbildes des Lecithins sind die Spaltungsstellen der vier verschiedenen Phosphatidasen zu erläutern.
Wo kommen sie vor und welche Reaktionsprodukte hinterlassen sie
jeweils nach den hydrolytischen Spaltungsvorgängen?

Was ist Heparin?
Aufbau, Vorkommen, Funktion.

Unter welchen Voraussetzungen treten im Harn Phenylbrenztrauben-
säure, Phenylessigsäure, Phenylmilchsäure, Homogentisinsäure oder p-
Hydroxy-phenylbrenztraubensäure auf?

Was wissen Sie zu folgenden Krankheitsbildern aus biochemischer Sicht
zu sagen: Morbus Niemann-Pick, Morbus Gaucher, Morbus Scholz,
Amaurotische Idiotie vom Typ Tay-Sachs?

Beschreiben Sie ein Glykoprotein.
Beziehung zwischen Bauprinzip der Polypeptidketten und Oligo-
nucleotid-Seitenketten.   Interessante   Verknüpfungsarten   und
Molekelstrukturen. Glykoprotein des Blutplasmas.

Gibt es außer der Peptidbindung noch andere Bindungsarten zwischen den Aminosäuren in Polypeptiden?

Zwar ist die Peptidbindung die wichtigste der covalenten Bindungen, doch ohne die Betätigung der anderen gibt es keine fixierten dreidimensionalen Proteinstrukturen. Zu unterscheiden sind weitere covalente Bindungen und andere nicht covalente.

* Ein Regulatorgen kann nach den verschiedenen Funktionstypen wirken, nach dem „Öffnungsmechanismus" oder nach dem „Schließungsmechanismus". Können Sie diese Mechanismen beschreiben?

Stichworte: Repressor — Induktor — katabole Enzyme — anabole Enzyme.

Formulieren Sie die Bildung der Gallensäuren aus Cholesterin.

In welchen Verbindungstypen kommen Lignocerinsäure und Nervonsäure gebunden vor?

Das muß doch etwas mit Inhaltsstoffen des Nervengewebes zu tun haben.

N-Acetyl- und N-Glykolyl-neuraminsäure (Sialinsäuren) sind Baustein einer Reihe von höhermolekularen Verbindungen, aber von welchen?

Welche Bedeutung kommt der Wasserstoffbrückenbindung für die Raumstruktur von Proteinen und Nucleinsäuren zu?

Zuerst: Was ist Wasserstoffbrückenbindung? — Zu welchen Molekelgruppen kann sie sich ausbilden? — Ihre Reichweite und Bindungsenthalpie?

* Die Aspartat-Transcarbamylase unterliegt einer Rückkopplungsregulation. Durch welches Pyrimidinnucleosid-triphosphat?

Was ist Cholsäure, Chenodesoxycholsäure, Desoxycholsäure und Lithocholsäure?

Welche genetischen Beziehungen und wie überhaupt gebildet?

* Bei der Dehydrierung des Äthanols wird ein Hydridion gebildet. Wie verläuft der Gesamtvorgang?

Was ist ein Hydridion? — Wie arrangiert sich die Äthanol-Molekel nach der Hydridabspaltung? — Acceptor des Hydridions?

Was ist der Unterschied zwischen Häm und Hämin?

Wechselt das Eisen im Hämoglobin normalerweise stetig seine Valenz? — Wenn nicht, wodurch kann man den Valenzwechsel erzwingen? — Wenn im Hämoglobin Fe^{3+} vorliegt, wie heißt dieses Derivat und welche Bedeutung kommt ihm zu? — Gibt es in den Erythrocyten ein Enzymsystem, welches einen $Fe^{2+} \rightleftarrows Fe^{3+}$-Übergang verhindert bzw. beim exogen erzwungenen Übergang revertiert?

Welche Kohlenhydrate kommen hauptsächlich in Glykolipiden vor?

Die Blutgruppen-spezifischen Substanzen der Erythrocyten sind äußerst bedeutungsvoll.
Was ist über Aufbau bekannt und über Mechanismen bei der Hämolyse?

* Die Abspaltung eines Hydridions aus einer Molekel Äthanol ist ein Zwei-Elektronen-Prozeß. Gibt es auch Ein-Elektronen-Übertragung?
Den Bildungsmechanismus des Hydridions kennen wir schon, auch die Übertragung auf den Acceptor und das Rearrangement der Restmolekel. Nun die Alternative: Welche Systeme sind eindeutige Ein-Elektronen-Transporteure?

Was wissen Sie über die biochemischen Charakteristiken der Blutgruppen A, B, 0?

Außer covalenten Bindungen (Säureamid und Disulfidbindung) und der Wasserstoffbrückenbindung sind an der Proteinkonformation noch hydrophobe Bindungen beteiligt. Was verstehen wir darunter? Und welche Aminosäurenreste können hydrophobe Bindungen eingehen?

* Im Zuge des Wasserstofftransportes stellt sich das Gleichgewicht $FAD \rightleftarrows FADH_2$ ein. Kann ein Flavoprotein auch einen Ein-Elektronen-Zustand annehmen?
Das würde die Zwischenbildung eines radikalartigen Zustandes bedeuten. Ist so etwas von FAD bekannt?

Was sind „gepaarte" Gallensäuren?
Grundsubstanz der „Paarlinge", deren Entstehung.

Das zur Pyrimidinsynthese dienende Carbamylphosphat braucht zur ersten Reaktion nicht unmittelbar de novo synthetisiert zu werden, sondern kann auch aus einer vorgebildeten Verbindung abgespalten werden. Aus welcher? Und ergibt sich hieraus nicht ein Weg zur Umschaltung zwischen einem anabolen und einem katabolen Reaktionsweg?
Starthilfe: Pyrimidin-Biosynthese — Harnstoff-Biosynthese.

Die Grundstrukturen von Proteinen sind Helix und „Faltblatt". Sie wollen bitte die wichtigsten Charakteristiken für beide Strukturtypen vortragen.
Räumliche Anordnungen mit Periodizitäten (Identitätsperiode), „Querverstrebungen". — Konformation, d. h. räumliche Lage der

funktionellen Gruppen der Aminosäuren in der α-Helix und beim
Faltblatt. — Beispiele für beide Raumanordnungen.

Welche Steroidhormone werden in der Nebennierenrinde und welche in
den Keimdrüsen gebildet?
Nur Namen und Ausgangsmaterial.

In welchem Zellorganell ist die Atmungskette lokalisiert, und gibt es
auch andere Funktionssysteme, die in ihrer Nachbarschaft liegen?
Offenbar doch solche, die mit der Atmungskette „zusammenarbei-
ten". Aus welchem Funktionssystem bekommt die Atmungskette
das meiste [H]?

Welche Zellmembranbestandteile macht man unter anderem auch für die
Adduktion von Viren verantwortlich?

Was verstehen wir unter Zuckersäuren?
Wie heißen die einzelnen Dicarbonsäuren der Hexosen?

Die drei Achsen der Globulärproteine sind selten gleich, zuweilen sind
aber zwei Achsen gleich. Wie heißt die geometrische Figur, wenn zwei
Achsen gleich sind? Nennen Sie Beispiele für solche Raumkörper und
ein Beispiel, bei dem das Achsenverhältnis 30 : 1 ist.
Im ersten Fall handelt es sich um annähernd kugelförmige Proteine.
Im zweiten Beispiel um ein fast fadenförmiges Protein. Wo treffen
wir Proteine, die zur ersten Gruppe gehören, an? (Bedenken Sie,
daß der Reibungswiderstand mit zunehmender Abweichung von
der Kugelgestalt anwächst.) Welche Funktion könnte einem fast
fadenförmigen Protein zukommen?

Was ist Progesteron, woraus entsteht es und welche Funktion übt es
aus?

Können auch präformierte Purine und Pyrimidine zur Biosynthese von
Nucleosiden und Nucleotiden dienen?
Solche werden doch im Zuge von Verdauungsvorgängen aus dem
Magen-Darm-Kanal ins Körperinnere gelangen. Zum Beispiel eine
durch Nucleosidphosphorylase und Adenosinkinase katalysierte
zweistufige Reaktionsfolge.

Beschreiben Sie die Funktion des Hämoglobins unter normalen physiologischen Bedingungen.
In welcher Wertigkeitsstufe liegt das Eisen stets vor? — Wie verläuft die O_2-Bindungskurve als Funktion des O_2-Partialdrucks und
des pH?

Beschreiben Sie in allen Einzelheiten ein Gerät zur Messung von Redoxpotentialen.

Zwei Halbzellen. Vergessen Sie nicht, daß es sich um ein „geschlossenes" System handeln muß, denn nur in einem solchen können sich die Potentiale unter Stromfluß ausbilden. — Das ist auch wichtig für die Definition des Redoxpotentials.

Welche Wirkung hat die Neuraminidase?

Hauptsächlich Bakterienenzym.

Stellen Sie ein Diagramm über die Dynamik der Kohlenhydrate im Stoffwechselgeschehen zusammen.

Im Mittelpunkt steht das dynamische Gleichgewicht zwischen Glucose-1-phosphat und Glucose-6-phosphat. Von beiden gehen mehrere Metabolsequenzen aus.

Insulin ist ein Paradebeispiel für das Phänomen Aggregation $\rightleftharpoons$ Desaggregation definierter Proteinmolekeln. Was ist Ihnen darüber bekannt? Gibt es Stoffe, welche zur Stabilisierung von Insulinaggregaten beitragen?

Protomere $\rightleftharpoons$ Oligomere! — Effektoren! Welche Bindungen können sich zwischen Protomeren zur Ausbildung der Oligomeren betätigen?

Nennen Sie die Namen der C_{21}-Steroide und formulieren Sie die wichtigsten.

Was sind Teichmannsche Kristalle und wie kann man sie erhalten?

Ein Erkennungsmittel für Blut! — Der Gerichtsmediziner kennt aber noch viel empfindlichere Methoden zur Blutspurenanalyse. Sie selbst kennen sicher schon eine physikalisch-chemische Methode und eine andere, die zwischen Spuren von Menschen- und Tierblut zu unterscheiden erlaubt.

Welche Reaktion katalysiert die Adenylat-Kinase?

„Kinasen" sind Enzyme, die stets „energiereiche" Phosphatgruppen übertragen. Aber in diesem Spezialfall?

Die Definition des Redoxpotentials bezieht sich streng auf die methodische Anordnung zu seiner Messung. Geben Sie jetzt die Definition.

Was verstehen wir unter einer Wasserstoff-Bezugselektrode? — Sie brauchen noch keine mathematische Formulierung zu bringen, sondern können die Definition rein verbal vortragen.

Definition der Verseifungszahl von Fetten.

Falls Sie es im Labor- oder Praktikumsbuch nicht finden sollten: mg KOH, die zur Hydrolyse von 1 g Fett benötigt werden (Anhaltspunkt für das Molekulargewicht der Fette).

Welche Unterschiede bestehen unter den durch verschiedene Hexokinasen katalysierten Reaktionen?

> Die Reaktionstypen und die Spezifitätsgrade. — Welches Ion wirkt als Co-Faktor?

* Welche Beziehung besteht zwischen dem Redoxpotential und der freien Energie einer Redoxreaktion?

> Wir verwenden den Ausdruck ΔG_0, und nun weiter. Aber vergessen Sie nicht, daran zu denken, ob es sich um einen Ein-Elektronen- oder Zwei-Elektronen-Übergang handelt.

Bei den höheren, mehrfach ungesättigten Fettsäuren: isolierte oder konjugierte Doppelbindungen?

> Was ist der Unterschied? — Zusätzlich, was versteht man unter Kumulenen?

Glucose-6-P hemmt die Hexokinasen. Welche metabole Bedeutung kommt dieser Inhibitorwirkung zu?

Wodurch unterscheiden sich die drei Typen von Faserproteinen α-Keratin, Kollagen und β-Keratin?

* Einer Spannungsdifferenz von 1 Volt in einem Redoxpotential-Meßsystem entsprechen beim Umsatz von einem Mol Elektronen wieviel Calorien? Und wieviel bei einem Zwei-Elektronen-Übergang?

Welche allgemein physiologischen Aufgaben erfüllt das Fettgewebe außer energiereiches Brennmaterial für den Gesamtmetabolismus zu bilden?

Wenn Sie den Weg verfolgen, den Glucose vom Pfortaderblut in die Leberzellen über das Leberglykogen und nach „Abrufen" wieder in die Peripherie zurücklegt, so gibt es eine ganze Reihe von interessanten Intermediärstufen, von Regulationsproblemen und auch von energetischen Fragen.

> Diese schildern Sie genau nach der in der Frage angedeuteten Hauptunterteilung im einzelnen. Besonders hervorzuheben ist der „Energieverlust" auf diesem Wege, aber wodurch entsteht er?

Welche intramolekularen Vorgänge spielen sich bei der Denaturierung von Proteinen ab?

> Unterschiede zwischen Ausflocken und Ausfällen unter Denaturierung von Proteinen aus wäßrigen Lösungen als Makrophänomen. — Destrukturierung und Restrukturierung, aber in welcher Anordnung der Polypeptidketten als Mikrophänomen? — Welche

Eigenschaften ändern sich, welche bleiben erhalten und welche ergeben sich neu? Auch durch äußere Einflüsse kann reversible und irreversible Denaturierung erfolgen. Welche sind es? — Gibt es Proteine, die nicht hitzedenaturierbar sind?

* Beschreiben Sie die Reaktionsfolge der Biosynthese und auch des Abbaus von NAD.
Reaktionspartner und Enzyme. Als Hilfsenzym wirkt Pyrophosphatase mit.

* Wenn die Standard freie Energie der ATP-Spaltung —7,0 kcal·Mol^{-1} ist, wie groß ist die Potentialdifferenz unter den Standardbedingungen der Redoxpotential-Messung?
Sie erwarten eine Starthilfe. Die braucht es bei dieser einfachen Sache nicht, denn Sie rechnen einfach unter Verwendung von 1 Volt = 23,07 kcal rückwärts. Achtung: Ein- oder Zwei-Elektronen-Übergang?

Wenn die winterschlafenden Tiere auf weitgehenden Fettmetabolismus umschalten, welche Vorteile ziehen sie daraus in bezug auf den Gesamthaushalt?

Die Glucose-6-phosphatase hat besondere Eigenschaften.
1.: Sie ist strukturgebunden, aber an welches Zellorganell? — 2.: Sie besitzt Substratspezifität, aber gegenüber welchem Substrat? — 3.: Sie spaltet außer diesem jedoch noch eine andere Verbindung, aber welche? — Das klingt paradox, entspricht aber den Tatsachen.

Proteine sind Ampholyte. Beschreiben Sie alle Eigenschaften, die sich aus dieser Tatsache ergeben.
Was ist ein Ampholyt? — Welche dissoziablen Gruppen? — Isoelektrischer Zustand, isoelektrischer Punkt, Pufferkapazität.

* Durch welche Gleichung beziehen Sie die Standard freie Energie einer Redox-Reaktion auf ihr Standard-Redoxpotential? Wie verläuft die gesuchte Größe in Abhängigkeit von den relativen Konzentrationen beider Reaktionspartner?

Ist das Fett im Fettgewebe umsatzträge?

Fructose kommt außer in gebundenem Zustand (welches Disaccharid?) auch in freier Form in einigen Körperflüssigkeiten vor.
Aber in welchen, und auf welche Weise kann freie Fructose aus freier Glucose gebildet werden? — Mechanismus: „ein Substrat — zwei Enzyme". Intermediär entsteht ein sechswertiger Alkohol.

Gibt es ein präparatives und ein analytisches Trennverfahren für Proteine, die auf ihrer Ampholytnatur beruhen?
Sie beschreiben es systematisch und klar, so daß der Zuhörer den Eindruck gewinnt, Sie haben es durchgeführt und kennen es also genau.

* Wie groß ist der Umrechnungsfaktor von E_0 auf $E_0{}'$?
Was verstehen wir überhaupt unter E_0? — Gegen welches Bezugssystem muß dieses Potential gemessen sein? — Und unter welchen speziellen Bedingungen wird $E_n = E_0$? — Wenn man nun noch $E_0{}'$ einführt, muß es sich um eine im biologischen Bereich wichtige Bezugsgröße handeln.

Was wissen Sie über die Spaltungsspezifität der Pankreas-Lipase?
Spaltet sie sowohl die α- als auch die β-Esterbindungen?

Galaktose-1-P hemmt Phosphoglucomutase und Glucose-6-phosphatase. Kommt diesen Effekten eine normale oder eine pathologische Bedeutung zu?
Welches Enzym ist bei der Galaktosämie nicht angelegt? — Welche Metabolsequenzen müssen durch diese Hemmwirkungen gestört werden? — Es gibt aber einen Galaktose-Metabolismus, der nicht alteriert wird, also „Fern- und Nahwirkungen" durch den Ausfall eines einzigen Enzyms.

Beschreiben Sie den Einsalzeffekt und den Aussalzeffekt bei Proteinlösungen.
Dipolmoment infolge ungleichmäßiger Ladungsverteilung. — Welchen Einfluß üben niedermolekulare Ionen auf Struktur und Verhaltensweise von Proteinen in Lösungen aus? — Zwei markante Beispiele für dieses Phänomen! — Trennung von Albuminen und Globulinen durch Ammoniumsulfat. Noch ein Zusatzphänomen: Hydratation der Proteinmolekel nicht vergessen.

Mit Ihrer Nahrung nehmen Sie Riboflavin (Vitamin B_2) auf. In Ihrer Leber wird es zum Aufbau von FAD verwendet. Über welche Reaktionsstufen erfolgt dieser Aufbau und welche Enzyme katalysieren ihn?
Eine Kinase wirkt mit und eine Pyrophosphorylase.

* Wie groß ist $E_0{}'$ des Systems $NADH + H^+/NAD^+$?
Ein numerischer Wert. Ist er niedriger oder höher als der für das System $H_2/2\,H^+$? Und der für Äthanol/Acetaldehyd?

Was verstehen wir unter Corticoiden?

Würden wir mit Methoden, die keine covalenten Bindungen spalten, eine Hämoglobinmolekel zerlegen, welche Bestandteile erhielten wir dann?

Da Hämoglobin ein Proteid ist, also aus einer hochmolekularen Proteinkomponenten und einer niedermolekularen prosthetischen Gruppe besteht...! — Aber auch das Protein läßt sich noch weiter zerlegen. — Welche Eigenschaften haben die einzelnen Komponenten, aus wievielen setzt sich die Hämoglobinmolekel zusammen, welche davon kommen $4\times$ jeweils identisch und welche $4\times$, aber nur 2×2, identisch vor?

Gibt es eine Isomerase, die β-Monoglyceride in α-Monoglyceride umlagert?

Das hieße doch, daß die Pankreas-Lipase nicht in der Lage ist, auch β-Monoglyceride zu hydrolysieren, sondern nur die α-Monoglyceride.

Glucosamin wird durch eine einstufige Enzymkatalyse gebildet, aber über ein Vehikel zur Biosynthese von Heteroglykanen mehrstufig weiterverwertet.

Anhand der Eigenschaft von Proteinmolekeln in wäßriger Lösung zu hydratisieren wären bestimmte Verhaltensweisen von Proteinen zu schildern.

Aufbau und Abbau von „Wassermänteln" und deren Eigenschaften: Beeinflussung von Löslichkeit, Stabilität, Einsalzen, Aussalzen, Wirkung organischer Solventien wie Methanol, Äthanol, Aceton.

* Wie groß ist E_0' des Systems $1/2\ O_2/O^{2-}$?

Das dürfte doch der unterste Wert der biochemischen Redoxskala sein.

Wie hoch ist der Prozentsatz an Mono- und Diglyceriden, der resorbiert wird?

Der Rest bestünde dann aus den der Resorption unterliegenden freien Fettsäuren.

Inulin ist ein in der medizinischen Klinik zuweilen gebrauchtes Homoglykan.

Aus welchem Baustein besteht es und wie sind die Baueinheiten miteinander verknüpft? — Natürliches Vorkommen? — Wozu dient es in der Klinik?

Proteine sind durch ihre Eigenschaft als Polyelektrolyte befähigt, Kationen durch Ionenbindung zu fixieren. Können Proteine auch andere Stoffe binden und ist diese Befähigung von physiologischer Bedeutung?

Warum liegen Blut-Proteine beim physiologischen pH als Anionen vor? — Welche Kationengruppe wird von Proteinen bevorzugt ge-

bunden? — Welche Bindungsgruppen der Proteine betätigen sich
zur Fixierung der Erdalkaliionen und welche zur Bindung der
Schwermetallionen? — Handelt es sich bei den letzteren ausschließlich um eine Ionenbindung oder vielmehr um eine andere
Bindungsart? — Können niedermolekulare Anionen an Proteine
gebunden werden? — Welcher Bindungstyp besteht bei der Fixierung von neutralen Molekeln an Proteine? — Werden auch Makro-
moleküle von Proteinen fixiert und welche Beispiele hierfür kennen Sie? — Ist die Antigen-Antikörperbindung unter diesem
Gesichtspunkt zu sehen? Und die Enzym-Substratbindung?

* Vielleicht haben Sie sich noch einige weitere numerische Größen von
Redox-Systemen gemerkt, die zwischen diesen für $NADH + H^+/NAD^+$
und $1/2\ O_2/O^{2-}$ liegen?

Beschreiben Sie die Anatomie des „Milchbrustganges".
> Beförderung der Chylomikronen durch die Chylusgefäße zum lin-
> ken Venenwinkel in das venöse Blut. Aber noch mehr zur topo-
> graphischen Anatomie.

Das „aktive Zentrum" der Phosphoglucomutase ist ein Serylrest.
Welche Intermediärbindung geht die OH-Gruppe dieses Restes ein?
> Wir haben früher die durch dieses Enzym katalysierte Reaktion
> eine „Wechsel-das-Bäumchen"-Reaktion genannt. Was wird ge-
> wechselt und zu welchem „Bäumchen"? Analoge Reaktionen: ein
> weiteres Hexosephosphat, ein Pentosephosphat und ein Triose-
> phosphat.

Beschreiben Sie den technischen Ablauf der Bluteiweißkörper-Elektro-
phorese auf Papier als Trägersubstanz.
> Sie müssen sich angewöhnen, Versuchssysteme so klar und logisch
> fortlaufend zu schildern, daß der Zuhörer nicht nur den Eindruck
> gewinnt, Sie selbst hätten es verstanden, sondern daß ihm der
> Vorgang lückenlos vor Augen steht.

* Bilden Sie die Potentialdifferenz zwischen der Wasserstoffelektrode
und der Sauerstoffelektrode. Wie groß ist die sich daraus errechnende
freie Energie der Wasserbildung? Gilt dieser Wert auch für die lebende
Zelle?
> Natürlich nicht, denn in der lebenden Zelle wird ja kein mole-
> kularer Wasserstoff oxydiert, sondern? — Wie hoch ist nun die
> „biologische" Potentialdifferenz? — Welcher kalorische Wert
> errechnet sich aus dieser Zahl?

Was ist Lipämie und wann tritt sie auf?

Die Phosphorylase-Reaktion ist umkehrbar. Das Enzym katalysiert also
eine Gleichgewichtseinstellung.
> Man kann durch dieses Enzym einen molekularen Naturstoff in
> vitro synthetisieren lassen und welchen?

Die Vorgänge bei der Immunoelektrophorese wollen Sie bitte eingehend schildern, denn sie ist von klinisch-diagnostischer Bedeutung.

Welche Hämoglobin-Varianten beim Menschen sind Ihnen bekannt?
Einmal pränatal und dann postnatal! — Gemeint sind jetzt nicht exogen, also durch Giftwirkungen entstandene, sondern die normalen und die abnormalen genetisch angelegten Varianten.

$NADH + H^+$ reagiert nicht direkt mit molekularem Sauerstoff. Über welche Zwischenstufen erfolgt der Weitertransport der Elektronen zum Sauerstoff und wie wirkt sich das energetisch aus?

Bei welchen enzymkatalysierten Reaktionen werden C-C-Bindungen gespalten?
Zunächst natürlich bei allen decarboxylierenden Reaktionen, aber die meine ich nicht ausschließlich. Es gibt auch einige, bei denen durch C-C-Spaltung Bruchstücke mit jeweils mehreren C-Atomen entstehen.

Die Physiologen lehren uns, daß Adrenalin die Arbeitsfähigkeit des Muskels erhöht. Der Biochemiker kann für dieses Phänomen die Erklärung auf molekularer Ebene geben.
Phosphorylase b $\rightleftharpoons$ Phosphorylase a. — Wie aber hängt die Arbeitsfähigkeit des Muskels von regulativ erhöhter Aktivität an Phosphorylase a ab?

Welche Charakteristiken von Albuminen und Globulinen kennen Sie?
Unterschiede in der Löslichkeit in reinem Wasser, Aussalzbarkeit mit Ammoniumsulfat, Teilchengewicht, Homo- bzw. Heterogenität, Unterschiede zwischen Serumalbumin und Milchalbumin, Serumglobulin und Milchglobulin.

Auf welchem Phosphorylierungsniveau gehen Ribonucleotide in Desoxyribonucleotide über und welche Enzyme bzw. Cofaktoren sind hieran beteiligt?
Ein niedermolekulares Protein mit sehr reaktionsempfindlichen SH-Gruppen ist hieran beteiligt.

Was sind Choleinsäuren?
Spielen sie eine Rolle bei der Fettresorption? — Wie ist ihre molekulare Anordnung?

An welchem Zellorganell der Leber sitzen die Glykogenteilchen und welche Enzyme sitzen wieder auf deren Oberfläche?

Kennen Sie Phosphoproteine, in denen die Phosphorsäure in covalenter Bindung vorliegt?
Eigenschaften der Proteinmolekeln durch den Phosphatrest bedingt? An welchem Aminosäurerest gebunden und Bindungsart?

* Welche Funktion übt die Δ^3, Δ^2-trans-Acyl-CoA-Isomerase aus?

Beim Abbau ungesättigter Fettsäuren kann eine Δ^3-Doppelbindung mit cis-Konfiguration auftreten, die während des Zuges der β-Oxydation gebildete Doppelbindung ist eine Δ^2-trans-Doppelbindung. Wie kann dann die β-Oxydation weiterlaufen? Sie erläutern das am besten am Beispiel des Abbaus der Linolsäure. Wieviele C_2-Einheiten müssen abgespalten werden, damit erstmals eine Δ^3-ungesättigte Verbindung entsteht? Nun die gefragte Enzymwirkung weiterführen und den Abbau sukzessiv weiterverfolgen.

Glucose-6-P hemmt die Phosphorylase b und eine Form der UDP-Transglykosylase, obgleich sie weder Substrat noch Reaktionsprodukt eines dieser Enzyme ist. Welche regulatorische Bedeutung kommt diesen beiden Effekten zu?

„Übergangs-Proteine" zwischen typischen Globulinen und typischen fibrillären Proteinen?

Sie besitzen ein stark von 1 abweichendes Achsenverhältnis, sind aber noch wasserlöslich.

Was sind Gelbkörperhormone?

Was wissen Sie von Methämoglobin und von Kohlenoxydhämoglobin?

Wie entstehen sie, wie lassen sie sich nachweisen und welche Eigenschaften besitzen sie?

An welchem Metabolprozeß sind Thioredoxin und Thioredoxin-Reductase beteiligt? Es handelt sich um den Austausch von OH gegen H.

Welche Funktion übt die D-β-Hydroxy-L-β-hydroxy-acyl-CoA-Epimerase aus?

Es kann eine Doppelbindung beim Abbau von Fettsäuren entstehen, die zwar eine α-β-cis-Doppelbindung ist, doch bei der Hydratation zur D-Form statt zur L-Form führt.

Beschreiben Sie die Funktionseinheiten der Atmungskette und ihre Sequenz anhand deren Redoxpotentiale.

Einige numerische Größen von E_0' haben Sie sich sicher gemerkt. Nun ordnen Sie die Funktionseinheiten so an, daß die Elektronen stufenweise zum Sauerstoff „hinunterhupfen".

UDP-Transglykosylase tritt analog der Phosphorylase in zwei Aktivitätsformen auf. Insulin vermehrt die aktive Form des Enzyms und bewirkt auch vermehrte Enzym-Biosynthese.

Auch hierbei handelt es sich um einen wichtigen Regulationsvorgang, aber um welchen? Es erstaunt nicht, daß Adrenalin das Gegenteil verursacht.

Reine fibrilläre Proteine sind Skleroproteine. Welche gehören hierher?

Die Übergänge von Ribonucleosid-diphosphaten in Desoxyribonucleosid-diphosphate werden durch Rückkopplungsmechanismen reguliert. Welche Metabolite sind hierbei beteiligt?

Zwei Purindesoxyribonucleosidtriphosphate und ein Pyrimidindesoxyribonucleosid-triphosphat.

Zu welcher Biosynthese wird der aus Threonin gebildete Acetaldehyd weiterverwendet?

Nennen Sie die Namen der C_{19}-Steroide und formulieren Sie die männlichen Sexualhormone.

* Anhand der Potentialdifferenzen einzelner Funktionseinheiten der Atmungskette können Sie die jeweiligen calorischen Ausbeuten errechnen und daraus schließen, wieviel ATP-Molekeln jeweils entstehen können. Bitte tun Sie das.

Wie groß ist die Calorienausbeute pro 1 Volt Potentialdifferenz (unter Standardbedingungen) ? — Bleiben nicht „Energiereste" über und was geschieht mit diesen?

Wie hoch ist normalerweise der Blutspiegel an Ketonkörpern und welche Werte findet man bei pathologischen Vorgängen?

In der Leber erfolgt bei Glucosebedarf der Peripherie Glykogenabbau durch die aktive Phosphorylase und anschließend entsteht durch phosphatatische Spaltung des Glucose-1-phosphats freie Glucose. Gilt das gleiche auch für Muskelglykogen?

Das wäre doch eigentlich sinnlos. Wissen wir, durch welche Mechanismen das Muskelglykogen mobilisiert wird?

Formulieren Sie die Reduktion eines FAD-Systems anhand dessen Strukturformel durch $NADH + H^+$, dann diejenige eines Chinonsystems durch $FADH_2$ und schließlich die des Cytochrom c/Fe^{3+} durch das Hydrochinonsystem.

Lipoproteide haben sowohl Struktur- als auch Transportfunktionen. Welche kennen Sie?

In der α_1- und der β_1-Fraktion der Blutserumproteine kommen je eine Gruppe vor, aber auch in welchen Zellstrukturen? — Sind Zusammensetzungen an den anderen Bestandteilen bekannt?

Welche Metabolitsysteme (Metabolit + umsetzendes Enzym) sind an H-Transporten aus dem extramitochondrialen Zellraum in die Mitochondrien beteiligt?

Bekanntlich erfolgt kein Austausch von extramitochondrialem NADH und intramitochondrialem NAD durch die Mitochondrienmembran. Also muß das cytoplasmatische [H] auf andere Weise zur Atmungskette gelangen.

Welche biochemischen Vorgänge liegen der Mast von Schlachttieren zugrunde?

Glykogen hat $1 \rightarrow 6$-Verzweigungen. Aktive Phosphorylase spaltet aber nur $1 \rightarrow 4$-Bindungen phosphorolytisch. Durch welches Enzym wird der aktiven Phosphorylase der Weg zum weiteren Abbau freigelegt?

Die wichtigsten Steroide mit der Wirkung männlicher Sexualhormone.

Wie lange ist die mittlere Lebensdauer der Erythrocyten und in welchen Organen werden die „alten" abgebaut?

Beschreiben Sie anhand der Metabolite Glycerophosphat, β-Hydroxybutyrat und Malat den [H]-Transport aus dem cytoplasmatischen Raum in den mitochondrialen Raum zur Atmungskette.
    D. h. aber doch, daß die gleichen Enzymsysteme, die jene Metabolite umsetzen, sowohl extra- als auch intramitochondrial vorhanden sein müssen.

Beschreiben Sie den Multienzymkomplex der Fettsäurensynthese nach *Lynen*.
    Gibt es noch eine mitochondriale Fettsäurensynthese durch Umkehrung der Abbausequenz?

Es gibt fünf Typen der Glykogen-Speicherkrankheit, die durch den Ausfall verschiedener Enzyme charakterisiert sind.
    Man sollte schon im Vorklinikum diese Typen und die Enzymausfälle kennen, da es sich um wichtige Beispiele für „inborn metabolic errors" handelt.

Die physiologischen Funktionen von Glykoproteiden und Mucoproteiden?

Welche Reaktion katalysiert die NADH-Dehydrogenase in der Atmungskette?
    Einige wichtige Einzelheiten über funktionelle Bestandteile dieses Enzymsystems sind bekannt.

Nennen Sie die Namen der C_{18}-Steroide und formulieren Sie die wichtigsten Oestrogenhormone.

Beschreiben Sie die Gleichgewichtseinstellung der thioklastischen Spaltung des Aceto-acetyl-CoA zu Acetyl-CoA. Wie groß ist der numerische Wert?

Wie hoch ist der Glucosespiegel („Wahre Glucose") im Pfortaderblut (Maximal-Wert), Peripherblut und extracellulärer Flüssigkeit?
    Welcher dieser Werte ist am konstantesten und welcher am variabelsten?

In den Zellkernen liegt die DNA in salzartiger Bindung mit basischen Proteinen von nicht sehr hohem Teilchengewicht vor. Was wissen Sie von diesen?

Namen, Zusammensetzung, Teilchengewicht, Funktionen, Ionennatur, allgemeines Verhalten.

Wie verläuft die Abbausequenz des Hämoglobins?

Warum wird Ihrer Ansicht nach bei der Fettsäurenbiosynthese der Umweg über das Malonyl-CoA beschritten?

Die Regulation des Glucosespiegels in Peripherblut und extracellulärer Flüssigkeit ist ein fein aufeinander abgestimmtes Mehrkomponentensystem. Sie wollen es bitte in allen Einzelheiten darstellen.

Strukturunterschiede zwischen Steran, Oestran, Androstan, Äthiocholan und Pregnan.

Was geschieht mit dem beim Hämoglobinabbau frei werdenden Eisen, wird es ausgeschieden oder als „wertvolles" Metallion wieder verwendet?

Ein kompliziertes, mehrfach „umschlagendes" Transport- und Lagersystem.

Was verstehen wir unter Nicht-Häm-Eisen und welche Enzyme enthalten es?

Erfolgt bei der Fettsäurenbiosynthese die Reduktion durch $NADH_2$ oder durch $NADPH_2$?

Unter der Konzession einer teleologischen Deutung aus welchem Grunde?

Wie hoch ist der auf Kohlenhydratcalorien entfallende Prozentsatz des Gesamtcalorienverbrauchs des Menschen?

Die Gruppe der Chromoproteide ist sehr umfassend: Hämoproteide, Flavoproteide, Carotinoidproteide u. a. Zählen Sie einige charakteristische Beispiele auf.

Was ist Pregnenolon und welche Bedeutung kommt ihm zu?

Welche Substanzen bezeichnen wir als Gallenfarbstoffe und woraus entstehen sie?

Nur die letzten Abbausequenzen, die zu ihnen führen. Enterohepatischer Kreislauf!

Wie stellen Sie sich den Übergang vom Zwei-Elektronen-Transport zum Ein-Elektronen-Transport in der Atmungskette vor?

Welche der ungesättigten Fettsäuren wird im höheren Säugerorganismus voll synthetisiert: Ölsäure, Linolsäure, Linolensäure, Arachidonsäure?

Die menschliche Leber enthält durchschnittlich 150 g Glykogen, die Muskulatur 200 g, zusammen also 350 g Vorrat im Organismus. Wieviel Calorien entspricht diese Menge und wie lange würden diese Kohlenhydrat-Calorien ausreichen, wenn wir den Calorienbedarf eines Menschen zu rund 3000 kcal pro Tag annehmen?

> Ändert sich der Blutglucose-Gehalt, wenn die Glykogen-Reserve der Leber erschöpft ist und welche Calorien-Lieferanten können Glucose vertreten? — Auch der Mechanismus der Gluconeogenese und die unmittelbar zum Citratcyclus metabole Beziehung habenden Aminosäuren gehören hierher.

Welche Bindungstypen betätigen sich bei der Fixierung der Eisenporphyrin-Molekelgruppen an die Trägerproteine der Hämoproteide, Hämoglobine, Myoglobine, Cytochrome, Peroxydase und Katalase?

Vermögen diabetische Organismen Acetyl-CoA zu Malonyl-CoA zu carboxylieren?

> Der verminderte Verbrauch von Acetyl-CoA fördert seinerseits die Bildung von Ketonkörpern.

Welche Faktoren beeinflussen die arteriovenöse Differenz des Blutglucosespiegels und wie groß ist sie im Durchschnitt?

Für Eisen gibt es sowohl Transportproteine als auch Lagerproteine. Welche sind das?

Wie entsteht Progesteron und welche Abkömmlinge von ihm kennen Sie?

Was versteht der Kliniker unter direktem und indirektem Bilirubin?

> Zunächst: Kommen die beiden Bilirubine im Blut in freier, d. h. ungebundener Form vor oder an ein Vehikel (und welches) gebunden? — Dann: Einer der „Entgiftungsmechanismen" des Organismus? Entgiftung kann aber auch nur heißen: harngängig machen.

Was bezeichnen wir als Baranowski-Enzym?

> Starthilfe: Fettsynthese, zur Neutralfettbildung ist Phosphatidat erforderlich, die Bildung des Glycerin-1-phosphats. Woher stammen die Reduktionsäquivalente?

Zeichnen Sie die Verläufe der Blutglucose-Konzentrationen nach einem Staub-Traugott-Versuch für eine Normalperson und für einen Diabetiker auf.

> Man belastet zu Testbeginn und nach einer Stunde mit je 50 g Glucose und analysiert alle 30 Minuten, von der dritten Stunde

ab alle 60 Minuten bis zur Gesamttestzeit von fünf Stunden die Blutglucose. — Charakteristische normale und diabetische Verlaufsformen. — Wie verläuft die Staub-Traugott-Kurve beim Hyperinsulinismus?

Welche Funktion übt die Glycerinkinase aus?
Sind Kinasen nicht allgemein phosphatübertragende Enzyme unter Einbezug von ATP oder ADP?

Adrenalin, Glucagon, Insulin und Corticoide sind an der Regulation des Kohlenhydrat-Gesamtstoffwechsels beteiligt. Die Einzelheiten müssen Sie genau kennen.

Was ist Desoxycorticosteron, woraus entsteht es und in welche Verbindung kann es übergeführt werden?

Welche Rolle spielt die Succinat-Dehydrogenase in der Atmungskette?
Auch Besonderheiten des Enzymaufbaus sind interessant.

Ist Linolsäure eine essentielle Fettsäure?
Oder kann sie im höheren Säugerorganismus synthetisiert werden und auf welchem Wege?

Alles was Sie aus biochemischer Sicht über den Diabetes mellitus wissen, bringen Sie aus dem vorklinischen mit in den klinischen Bereich Ihres Studiums hinüber, daher notieren Sie sich alles und memorieren es von Zeit zu Zeit.

Ist die Mitwirkung eines NAD-Systems bei der Dehydrierung des Succinats thermodynamisch möglich?

Gibt es Unterschiede in Zusammensetzung und physikalischen Eigenschaften der Körperfette aus verschiedenen Regionen?

Am ATP-System können im Zuge des Abbaus fünf Enzyme angreifen. Welche sind es und wie verlaufen die Spaltungsreaktionen?

Welche Bildungsmöglichkeiten für $NADPH + H^+$?
Es gibt 4, eine im Citratcyclus, zwei beim oxydativen Glucoseabbau und eine durch eine LDH-Reaktion. Bitte formulieren.

Schildern Sie die genetischen Beziehungen zwischen Progesteron, Desoxycorticosteron, Corticosteron, 18-Hydroxycorticosteron und Aldosteron.

Bei welchen pathologischen Zuständen treffen wir erhöhten Bilirubin-Blutspiegel an?
a) Beim Neugeborenen. b) Bei Erwachsenen.

Welche Reaktionen katalysieren ATP-ase und Apyrase?

Was verstehen wir unter Ubichinon oder Coenzym Q und welche Funktion übt es aus?
> Also ein Chinonsystem, das reversibel hydrierbar ist. — Angreifendes Enzym: Ubihydrochinon-Cytochrom c-Reductase. — Die einzelnen Ubichinone unterscheiden sich voneinander chemisch wodurch?

Überlegen Sie sich präzise die Unterschiede zwischen Abbau- und Aufbausequenzen des Fettsäuremetabolismus.

Welche biologische Fehlregulation liegt der Gicht zugrunde?

Was ist Corticosteron und welche Wirkung von ihm kennen Sie?

Zwei Wege gibt es zur Synthese des zur Phosphatidbildung benötigten Glycerin-1-phosphats.

Lassen sich Analogien der fettlöslichen Vitamine E und K zu den Ubichinonen der Mitochondrien sehen, wenn man sie chemisch etwas verändert, und spielen solche Chinone nach unserem heutigen Wissen eine Rolle bei der Zellatmung?
> Ganz sicher ist das noch nicht, doch sollte man diese Analogie ruhig kennen und die hypothetische Redoxfunktion als durchaus plausibel annehmen. Auf alle Fälle sollte man die chinoiden Formen aus den Strukturformeln der genannten Vitamine ableiten.

Was sind Sialinsäuren?
> Sammelbezeichnung. Derivate einer Verbindung, die aus Pyruvat und N-Acetyl- bzw. N-Glykolyl-mannosamin entstehen. Wie aber werden diese Verbindungen gebildet? — Hier hilft UDP.

Halten Sie es für möglich, daß RN-ase und DN-ase in den intakten Zellen in freier wirksamer Form vorliegen?
> Oder auf welche sinnvolle Weise sind sie in den Zellen inaktiviert und werden erst bei Zellschädigungen aktiviert?

Auf welche Weise entstehen die Farbstoffe der Faeces?

Wenn in den Polysomen die Polypeptidketten synthetisiert sind, auf welche Weise treten sie dann zu Proteinen zusammen und wie erklären Sie die spezifischen Anordnungen, die wir unter dem Sammelbegriff Tertiär- und Quartärstruktur beschreiben?

Was ist Cortison und Cortisol?

Beschreiben Sie Strukturbesonderheiten, Eigenschaften und Funktionen
der Cytochrome.

> Sind sie niedermolekular oder hochmolekular? — Zu welcher
> Protein-Gruppe zählt man sie? — Konstitution der prosthetischen
> Gruppe und ihre Bindung an den Polypeptidrost. — Funktion
> des Eisens. — Redoxpotential-Unterschied. — Bindungsfähigkeit
> für CN⁻ und CO.

Was wissen Sie über die Gelbsucht aus biochemischer Sicht?

Was verstehen wir unter Cytochromoxydase?

> Sogenannte Endoxydase, Warburgs Atmungsferment. Seine Zu-
> sammensetzung? — Enthält es Mg, Mn, Cu, Fe, Mo oder Zn? —
> Welches Reaktans der Atmungskette setzt es um? — Seine Reduk-
> tion durch welchen Atmungsketten-„Funktionär"?

Wie entstehen Testosteron und Oestron biochemisch?

Kommen Gallenfarbstoffe außer im Blut der gesunden und kranken
Menschen auch anderswo, im Tier- und Pflanzenreich, vor?

> Wenn ja, bei höheren oder auch bei niederen Lebewesen? Diese
> Verbindungsklasse scheint evolutiv doch sehr früh angelegt zu
> sein!

Die Atmungskette ist ein Paradebeispiel für ein sogenanntes Fließgleichgewicht. Was verstehen Sie darunter?

> Von welchen einzelnen geschwindigkeitsbestimmenden Reaktions-
> schritten hängt die Gesamtgeschwindigkeit ab und auf welche Weise
> werden die Einzelschritte selbst wieder verändert?

Welche physiologischen Wirkungen des Testosterons und des Oestrons
kennen Sie?

Wie hoch ist der normale Bilirubin-Blutspiegel des Neugeborenen, des
Kleinkindes und des Erwachsenen und von welchen Werten ab mißt
man ihm pathologische Bedeutung zu?

Was wissen Sie von den Elektronen transportierenden Partikeln?

> Sie sind doch sicher aus Mitochondrien experimentell erhalten wor-
> den. — Multi-Enzymsystem? — Katalysieren Teilfunktionen der
> Atmungskette — Sie setzen am besten aus den Funktionen der
> einzelnen von *Green* beschriebenen Partikeln die vollständige
> Atmungskette auf dem Papier wieder zusammen.

Was verstehen wir unter Mineralo-Corticoiden und welche Wirkungen
derselben kennen Sie?

Was verstehen wir unter Cytochromen vom strukturchemischen Aspekt aus?

Protein oder Proteid? — Eiweißkomponente — Prosthetische Gruppe — Bindung derselben an das Protein — Valenzwechsel des Eisenions — Lichtabsorption.

Wieviele Mole ATP entstehen pro Mol H_2O aus $1/2\ O_2$ im Zuge der mit der Atmungskette assoziierten, sogenannten oxydativen Phosphorylierung?

Sie erwähnen jetzt den sogenannten P/O-Quotienten und erläutern näheres über dessen Ermittlung und spezifische Hemmung.

In welchen Organen wird Progesteron gebildet?

Vier verschiedene Organe.

Kann aufgrund seiner Struktur Cytochrom c direkt mit O_2, mit CN^- oder CO reagieren?

Wenn nicht mit O_2, welches ist dann seine „normale" Funktion?

Was wissen Sie über den molekularen Mechanismus der oxydativen Phosporylierung?

Sie ist ja an die Funktion der Atmungskette gekoppelt. 1. Wie verläuft sie nach unseren gegenwärtigen Kenntnissen? — 2. Durch welche Substanz kann „entkoppelt" werden? — 3. Wird bei Nichtbildung von ATP durch solche Entkoppler auch der O_2-Verbrauch durch die Mitochondrien behindert? — 4. Gibt es auch Stoffe, die sowohl entkoppeln als auch die Atmung hemmen?

In welchen Organen werden Oestrogene gebildet?

Fünf verschiedene Organe.

Von den Cytochromen a, b und c gibt es Varianten. Welche sind es und was wissen Sie über ihre Funktionen?

* Die Bilanzgleichung der Photosynthese.

Welche Bedeutung kommt ihr für das gesamte Leben auf diesem Planeten zu? — Inwiefern ist die Bilanzgleichung eine Umkehrung des oxydativen Totalabbaus der Glucose?

Was verstehen wir unter anabolen und katabolen Stoffwechseltrends beim Kohlenhydrat-, Fett- und Aminosäurenstoffwechsel?

Ohne auf Einzelheiten einzugehen, beschreiben Sie die wichtigsten Trendstufen und besonders diejenigen, durch die sich die entgegengesetzt gerichteten Stoffwechselwege unterscheiden.

Beschreiben Sie die wichtigsten Methoden zur Aufstellung einer Stoffbilanz und einer Energiebilanz des Gesamtstoffwechsels.

Kann man Cytohämin aus seiner hochmolekularen Bindung lösen und
was weiß man über seine Struktur?

Es enthält am Ring I eine lipophile Gruppe, deren Struktur
Schlüsse auf seine Biosynthese zuläßt. Ursprünglich saß an Ring I
eine Formylgruppe. An diese wurde nun was für ein Derivat einer
lipophilen Substanz angelagert?

Beschreibung des Enzymprozesses der Hydroxylierung von Steroiden.
Welcher Spezifitätsgrad dieser Enzyme?

* Was wissen Sie über den molekularen Wirkungsmechanismus des
Antobioticums Oligomycin?

Hemmt es die DNA-Biosynthese, die Atmung + Phosphorylierung,
die Protein-Biosynthese oder den Citratcyclus?

* Den Gesamtvorgang der Photosynthese können wir als Verflechtung
dreier Teilreaktionen auffassen. Und das sind was für Funktionskomplexe?

Was verstehen wir unter dem Brennwert von Nahrungsstoffen?
Unterschiede zwischen kalorischen und physiologischen Werten?

Was ist Coprosterin?

Katalase ist ein Enzym mit besonders hoher Wechselzahl. Was wissen
Sie über seinen Aufbau und seine Funktion?

Enthält es Fe^{2+} oder Fe^{3+}? — Weshalb ist Katalase für das normale Zellgeschehen bedeutungsvoll? — Gibt es Zelltypen, die
gegenüber denjenigen, aus denen sie entstanden sind, eine viel ge-
ringere Katalase-Aktivität aufweisen?

* Beschreiben Sie die Primärreaktion der Photosynthese, die wir als
Photophosphorylierung bezeichnen.

Welche Photosynthese-Pigmente? — Thylakoide — Grana-Quan-
tasomen System I und System II, welche Chlorophylle sind in
ihnen enthalten? — Redoxpotential — Unterschiede zwischen den
Chlorophyllen in den beiden Systemen — Elektronentransport-
system — Cyclische Photophosphorylierung — Welche Rolle spielt
Ferredoxin? — Welche Chromoproteide wirken noch mit? —
Plastochinonsystem — Nichtcyclische Photophosphorylierung —
Auf welche Weise ATP-Produktion? — Beteiligte Coenzyme zur
Bereithaltung von Reduktionsäquivalenten?

* Welche Beziehungen bestehen zwischen ΔH und ΔG im Hinblick auf
den Gesamtstoffwechsel eines lebenden Organismus?

Beschreiben Sie die Wechselbeziehungen zwischen endogenem und exo-
genem Stoffwechsel des Cholesterins.

Welche Funktion übt die ATP-ase aus?

Ist denn die ATP-Spaltung durch ein hydrolysierendes Enzym sinnvoll, da die hierbei als Wärme frei werdende Bindungsenthalpie ungenutzt verloren geht?

* Gibt die thermodynamische Größe ΔG den wahren physiologischen Nutzeffekt von Nahrungsstoffen wieder oder in welchen Größen drücken wir denselben am besten aus?

* Auf welche Weise erfolgt die Photolyse des Wassers im Rahmen der Photosynthese?

Welches System fungiert hier: I oder II? — Wie erfolgt der Elektronenwechsel? — Die photochemische Bildung von NADPH durch welches System? — Quantenbedarf der Photosynthese?

Wasser und Kohlendioxyd sind nicht nur Endprodukte des Gesamtstoffwechsels der Tiere und des Menschen, sondern auch „Betriebsstoffe". Was wissen Sie über den chemischen Kreislauf des Wassers und des Kohlendioxyds im Organismus?

Wenn Sie beim Gesamtabbau der Kohlenhydrate die intermediären Wasseransammlungen in die Summengleichung miteinbeziehen, wie müssen Sie die bekannte Darstellung $C_6H_{12}O_6 + 6\,O_2 = 6\,CO_2 + 6\,H_2O$ dann erweitern, d. h. wieviele Molekeln Wasser müssen Sie dann auf beiden Seiten einfügen? — Gibt es außer den beiden Decarboxylierungsreaktionen im Citratcyclus, aus denen die Hauptmenge des CO_2 hervorgeht, noch weitere CO_2 bildende Reaktionen im Intermediärstoffwechsel? — Welche CO_2 verbrauchende Reaktionen des Intermediärstoffwechsels kennen Sie? — Wie ist die CO_2-Bilanz bei der Fettsäuresynthese? — Denken Sie jetzt nicht auch an die Initialreaktionen der Gluconeogenese und des Citratcyclus?

Was ist der Respiratorische Quotient und wie hoch ist seine numerische Größe für die Hauptnahrungsstoffe?

Was kann man aus diesem Wert schließen? — Wie bestimmt man den Nichteiweiß-RQ?

Transportform der Lipoide im Blutplasma.

Welche Funktionen üben Peroxydasen aus?

Da das intramitochondrial gebildete ATP die Mitochondrienmembran nach dem cytoplasmatischen Zellraum hin nicht passieren kann, muß es einen anderen Mechanismus geben, durch den extramitochondriales ATP im Gleichgewicht mit intramitochondrialem ATP steht.

Hier wirkt ein Enzym mit, das Translocase genannt wird. Nun zeichnen Sie ein Schema des Gesamtvorgangs der Translocierung von chemisch fixierter Energie auf. — Wo ist die Translocase selbst lokalisiert? — Gibt es einen für dieses Enzym spezifischen, in der Natur vorkommenden Hemmstoff?

* Welche Strukturbesonderheiten kennen Sie von den Chlorophyllen? Ringsystem — Zentralatom — Seitenketten. a) Zum Ringsystem direkt gehörend, b) durch Hydrolyse leicht abspaltbar. — Unterschiede zwischen Chlorophyll a und b. Funktionen bei der Photosynthese sind hier nicht gemeint!

* Die Fixierung des CO_2 bei der Photosynthese erfolgt unabhängig von den beiden anderen Funktionskomplexen. Unmittelbarer Acceptor für CO_2 und Entstehung desselben? — Welche Reaktion katalysiert Carboxidismutase? — Welche Intermediate entstehen jetzt? — Reduktionsmechanismus der Phosphoglycerinsäure als inverse Analogreaktion zum Glucoseabbau. — Auf welcher Oxydationsstufe steht jetzt das eingefügte CO_2? — Bildung von Ribulose-diphosphat — Gesamtvorgang anhand eines Schemas.

Beschreiben Sie allgemein die Konstanz und Variabilität des Zellstoffwechsels und kommen Sie auf Regulationsfragen des Gesamtstoffwechsels zu sprechen.

Was ist Grundumsatz? Konventionelle Bedingungen. — Abhängigkeit von Alter, Geschlecht, Körperlänge und -masse, Körperoberfläche, empirische Beziehung zwischen Masse und Energieumsatz, Hormonhaushalt.

Was wissen Sie über Lipoproteide im Blutplasma? Welche Individuen, Teilchengröße, Lipidgehalte?

Schreiben Sie die allgemeinen Reaktionsgleichungen für die durch Oxydasen, Oxygenasen und Hydrolasen katalysierten Reaktionen auf. Wieviele Elektronen übertragen Oxydasen auf eine Molekel O_2? — Was ist eine O_2-Transferase? — Welche Reaktion katalysiert die Ascorbinsäure-Oxydase? — Gibt es Flavinenzyme, die durch ihre katalytische Funktion H_2O entstehen lassen? — Die Wirkung der Oxygen-Transferasen beschreiben Sie am besten am Beispiel der oxydativen Öffnung eines aromatischen Ringes (z. B. im Zuge des Tyrosin-Abbaus) unter Bildung eines cyclischen Peroxyds. — Als Beispielreaktion für die Erläuterung der enzymatischen Hydroxylierung wählen Sie den Übergang Phenylalanin → Tyrosin.

Was verstehen wir unter einem Rückkopplungsmechanismus und welche Bedeutung haben solche Vorgänge für die Regulation des Gesamtstoffwechsels? Einige Beispiele: Beim Embden-Meyerhof-Weg, bei der Glykogen-Synthese, beim Citratcyclus und bei der Atmungskette.

Welche Beziehung besteht zwischen Cytochromgehalt der Muskulatur und Körpergröße?
Welche Bedeutung hat diese Beziehung für den Gesamtumsatz?

Welche Bedeutung kommt der Lipoproteidlipase zu?
Aktivierung durch Heparin.

Beschreiben Sie den molekularen Mechanismus der Ringöffnungsreaktion von Homogentisinsäure, 3-Hydroxyanthranilsäure und Tryptophan.
Liegt diesen Vorgängen nicht das gleiche Reaktionsprinzip zugrunde? (Intermediäre Peroxydbrückenbildung.)

* Beschreiben Sie die Bilanz der Photosynthese.
Lichtreaktion und Dunkelreaktion.

Durch welche Regulationsmechanismen kann eine Zelle vom bevorzugten Kohlenhydrat-Umsatz über den Embden-Meyerhof-Weg nach demjenigen über den Pentosephosphat-Cyclus umschalten?
Am Beispiel der lactierenden Milchdrüse.

Welche Wirkung hat ein Ausfall der Hypophyse, der Nebennierenrinde oder die Unterfunktion der Schilddrüse auf den Grundumsatz?

Kennen Sie die Funktion des Cytochrom P 450 in der sogenannten Mikrosomen-Fraktion bei den enzymatischen Hydroxylierungen durch die mischfunktionellen Oxygenasen?
Es ist ein etwas komplizierter, in den Einzelheiten noch nicht ganz klarer Reaktionsmechanismus, doch kann man die Funktion von Cytochrom P 450 auch vereinfacht darstellen. Auf alle Fälle ist er interessant.

* Einige Mechanismen der Assimilation von Stickstoff, entweder von Nitraten oder von elementarem N_2 sind auch mittelbar für uns von biochemischem Interesse. Die wichtigsten Vorgänge wollen Sie bitte beschreiben.
In höheren Pflanzen und in den Symbionten mit Knöllchenbakterien. — Nitratreduktion — Nitritreduktion — NH_3-Verwertung — Bedeutung der Glutaminsäure.

Durch welche Regulationsmechanismen kann ein Organ vom bevorzugten Kohlenhydrat-Abbau zum bevorzugten Fettsäuren-Abbau und umgekehrt umschalten?

Kennt man eine Wirkung der Sexualhormone auf den Gesamtumsatz des Organismus?

Welches Enzym kann durch Heparin aktiviert werden?

Bestehen prinzipielle Unterschiede in den Reaktionsmechanismen der mischfunktionellen Oxygenasen und den Steroid-Hydroxylasen?

* Im Anschluß an die grundlegenden Mechanismen der Stickstoff-Assimilation sollten wir als repräsentatives Beispiel die Biosynthese der essentiellen Aminosäure Phenylalanin in den einzelnen Reaktionsstufen besprechen.
>Wie wird der aromatische Ring gebildet?

Welche Rolle könnte eine Konkurrenz um Coenzyme für Regulationsvorgänge im Intermediärstoffwechsel spielen?

Wie ist die spezifisch-dynamische Wirkung von Nahrungsstoffen zu definieren und zu deuten?

Transport freier Fettsäuren im Blutserum.
>An welche Plasmaproteinfraktion gebunden und Bedeutung freier Fettsäuren als unmittelbare Energielieferanten für welche Organe?

* Welche Rolle spielt das Tetrahydrobiopterin bei der enzymatischen Hydroxylierung des Phenylalanins?

Welche metabole Bedeutung besitzt Shikimisäure?
>Vier Stufen bis zu ihrer Bildung und drei Stufen bis zur Prephensäure, von dieser aus Phenylbrenztraubensäure und p-Hydroxybenzoesäure.

Welche biochemischen Gesamtvorgänge spielen sich im Schwein oder in der Gans beim Mästen mit Kohlenhydratnahrung ab?

Müssen für die Bildung eines Mols ATP mehr Eiweißkilocalorien aufgewendet werden als Fett- und Kohlenhydratkilocalorien?
>Hat dieser Unterschied etwas mit der spezifisch-dynamischen Wirkung der Nahrungsstoffe zu tun?

Sind freie Fettsäuren für Herz- und Skeletmuskel unmittelbare Energielieferanten?

Die Phenoloxydase katalysiert eine Reaktion, deren Folgeprodukt dann eine Sequanz von zum Teil ebenfalls enzymkatalysierten, zum Teil spontan ablaufenden Reaktionen eingeht. Sie wollen bitte den Gesamtvorgang beschreiben.
>Was ist DOPA? — Kann man Melanin präparativ gewinnen und welche Struktur schreibt man ihm zu? — Warum sind die Neger schwarz und die Weißen weiß?

* Welche Vorstufen der Biosynthese des Tryptophans kennen Sie?
>Welches Intermediat liefert den aromatischen Ring und den Stickstoff des Indolrings?

Welche Bedeutung besitzt die Umsatzgröße von Glucose-6-phosphat für Regulationsvorgänge im Gesamt-Kohlenhydratumsatz und wie wird dieser Umsatz in die eine oder die andere Stoffwechselrichtung geleitet?

Beschreiben Sie die sich beim Hungern einstellenden Stoffwechselprozesse.
> Grundumsatz — N-Ausscheidung, d. h. Proteinstoffwechsel — Gluconeogenese — Körperfette — Acetonkörperbildung.

Wie werden freie Fettsäuren im Blutplasma transportiert?

Welche Bedeutung kommt der Leber für den gesamten Lipidstoffwechsel zu?
> Nicht nur Auf- und Abbau freier Fettsäuren, sondern auch für Metabolismus anderer Lipide.

Welche von Acetyl-CoA ausgehenden Synthesewege kennen Sie?
> Obgleich die Kondensation von Acetyl-CoA mit Oxalacetat zu Citrat auch eine Synthese darstellt, ist sie hier nicht gemeint, sondern einige andere „aufbauende" Sequenzen.

Definieren Sie den Begriff der essentiellen Nahrungsbestandteile.
> Aminosäuren — Fettsäuren — Vitamine — anorganische Bestandteile, d. h. Mineralstoffe und Spurenelemente. — Wuchsperiode, Erhaltungsperiode — teilweise Synthesefähigkeit.

Welche Hormone beeinflussen den Fettstoffwechsel?

Was verstehen wir unter dem Sammelbecken des Stoffwechsels oder metabolic pool?
> Zahlreiche Zuflüsse und zahlreiche Abflüsse, aber was ist in der Hauptsache drin im „dynamischen Konzentrationsgleichgewicht"? — Ist niedere Stoffkonzentration gleichbedeutend mit niedrigem Stoffumsatz? — In welcher numerischen Größenordnung liegen die meisten Stoffe in diesem Sammelbecken vor?

Welche Bedeutung besitzen Kohlenhydrate für die Ernährung?
> Welche Hauptnährstoffe? — Ersetzbar durch Fett und Eiweiß? — Schädigung durch einseitige Kohlenhydraternährung?

Die Wirkung von Thyroxin und Insulin auf den Lipidstoffwechsel.

Welche Menge an ATP produziert ein 70 kg schwerer Mensch in 24 Stunden?

Welche Fettsäuren sind für den wachsenden Tierorganismus essentiell und kennt man beim Menschen einen echten Bedarf an essentiellen Fettsäuren?

Die Wirkung des somatotropen Hormons des HVL auf den Lipidstoffwechsel.

Inwiefern ist der Pasteur-Effekt ein „Regulator" für den Gesamtstoffwechsel der Kohlenhydrate?
> Wieviele Mole ATP werden pro Mol Glucose beim anaeroben und beim aeroben Abbau gebildet und wie ändert sich die Umsatzgröße an Kohlenhydraten bei gleicher ATP-Bildung unter der Bedingung temporärer Sauerstoffkarenz?

Welche metabole Übergänge im Bereich der sogenannten essentiellen Fettsäuren kennen wir?
> Kettenverlängerung — Verlagerung und Einführung von Doppelbindungen.

Die Wirkung des Adrenalins der Glucocorticoide und der Sexualhormone auf den Lipidstoffwechsel.

Was verstehen wir unter einem Fließgleichgewicht?
> Können relativ konstante „stationäre" Konzentrationen an Metaboliten trotz wechselnder Reaktionsgeschwindigkeiten bestehen? — Kennen Sie einige „Schrittmacher"-Reaktionen?

Wie hoch veranschlagen Sie das Optimum an Fettzufuhr für den ausgewachsenen Menschen mittlerer Arbeitsleistung?

Welche Eigenschaften der Zucker machen Sie dafür verantwortlich, daß sie nicht lipoidlöslich sind?

Zur Beurteilung der biochemischen Organisation innerhalb einer lebenden tierischen Zelle ist es notwendig, ihre Ausmaße im Gedächtnis zu behalten. Durchschnittlicher Durchmesser und Volumina?
> Lehrbücher und allgemeine Mikromorphologie.

Wie hoch ist der Prozentsatz des Na^+ unter allen Kationen des Blutplasmas?

Beschreiben Sie die Beziehung zwischen Leber und Blutplasma.
> Einmal für die einzelnen Plasma-Eiweißkörper, dann für eine Reihe von Stoffen, die durch die Leber synthetisiert und in der Peripherie verbraucht werden. Auch umgekehrte Beziehungen bestehen, zum Beispiel Verwertung von Lactat in der Leber.

Die Normalwerte der Dichte des Harns und die Gesamtmenge der vom ausgewachsenen Menschen täglich ausgeschiedenen festen Stoffe und welche sind es im einzelnen?
> Wie bestimmt man die Dichte? — Und wie die Menge der festen Harnbestandteile? — Welche Mengen an N-haltigen und N-freien Substanzen?

Was wissen Sie über die chemische Natur und die biologische Funktion des Erythropoietins?

> In welchem Organ wird es gebildet? — Ist es ein reines Mucoproteid oder welchen besonderen Bestandteil enthält es noch? — Wirkt es als Induktor oder Repressor?

Beschreiben Sie anhand eines vereinfachten Schemas die Hauptfunktionen der Leber.

> Speicher-, Abbau-, Aufbau-, Entgiftungs-, Regulatorfunktionen u. a.

Welche Funktionen im einzelnen übt die Leber in bezug auf den Porphyrin-Stoffwechsel aus?

> Welchen Zellen kommt diese Aufgabe zu? — Teilt sich die Leber in diese Aufgabe mit anderen Organen? — Stufen des Hämoglobin-Abbaus? — In welchen Leberzellen erfolgt die „Entgiftung" bzw. das Harnfähigmachen des auch in anderen Organen gebildeten Bilirubins und auf welchem Wege? — Vorstufen der Glucuronidierung?

Beschreiben Sie den Aufbau der quergestreiften Muskulatur aus biochemischer Sicht.

> Aber nicht nur den der Sarkomeren, sondern auch die zahlreichen dazwischen liegenden Mitochondrien. Die Endplatten der motorischen Nerven, die Muskelspindeln und die sensorischen Nerven sind hierbei kurz zu erwähnen. Sie sollten sich bemühen, den Muskel als eine Funktionseinheit einschließlich der metabolen und nervösen Regelkreise aufzufassen.

Bei der Anpassung des Ruhemuskels an eine Arbeitserfordernis spielen einige sinnvoll ineinandergreifende Regulationsmechanismen auf molekularer Ebene eine große Rolle.

> a) Durch welche Energieakzeptoren der oxydativen Phosphorylierung wird die Atmung limitiert? — b) Bei der Kontraktion steigt die Konzentration einiger Spaltprodukte an, wodurch wieder die Atmung beschleunigt wird. — c) Welche Mechanismen beschleunigen nun den Glykogenabbau (allosterische Beeinflussung zweier Enzyme). — d) Hier spielt noch ein anderer Mechanismus mit, bei dem es intermediär zu einem cyclischen Nucleotid kommt. — e) Welche Bedeutung haben hierbei Adrenalin, Glucagon, bestimmte Steroide (welche?) und andere Regulatoren, die Sie jetzt nennen mögen.

Da Kollagen etwa 20% des gesamten Körpereiweißes ausmacht, wollen Sie nicht nur die Besonderheiten der Aminosäurenzusammensetzung erläutern, sondern auch die seiner Eigenschaften und Funktionen.

> Welche Aminosäuren sind in vergleichsweise hoher und welche in niedriger Konzentration enthalten? — Name und Eigenschaften der Grundeinheit des Kollagenmoleküls. — Räumliche Anordnung

von drei Peptidketten. — Wodurch Stabilisierung der Tropo-
kollagen-Superhelix? — Was sind Protofibrillen und Fibrillen? —
Elektronenmikroskopische Eigenschaften der Fibrillen. — Mechanische Eigenschaften derselben.

Welche Hormone haben allgemeine Wirkungen auf den Gesamtstoffwechsel?
> Darunter versteht man die Funktionskomplexe Kohlenhydrat-,
> Lipid- oder Eiweiß-Stoffwechsel bzw. Sauerstoffverbrauch.

Wie ist das endogene oder absolute N-Minimum definiert?
> Numerische Größe je kg Körpermasse bzw. Eiweißumsatz je Tag
> eines erwachsenen Menschen. — Hormonale Beeinflussung?

Wenn wir den durchschnittlichen Durchmesser einer lebenden tierischen
Zelle zu 20 μ (2·10^{-5} Å) und das durchschnittliche Volumen zu 5000 μ^3
annehmen, welche Strukturlängen und Durchmesser sind dann noch
elektronenmikroskopisch abbildbar?

Wir kennen Hormonwirkungen auf die Morphogenese. Welche sind
das?

Beim Glucoseabbau nach dem Embden-Meyerhof-Weg ist die durch
Phosphofructokinase (ATP : D-Fructo-6-phosphat-1-phospho-Transfer-
ase) katalysierte Überführung von Fructose-6-phosphat in Fructose-1,6-
diphosphat eine Schrittmacher-Reaktion für die Glykolysegeschwindig-
keit. Inwiefern?
> Wieviele Reaktionsschritte davor und danach sind reversibel?
> Hier spielt auch eine allosterische Hemmung hinein, aber durch
> eine Substanz, die an einer anderen Stelle der Metabolsequenz ge-
> bildet wird!

Was verstehen wir unter dem Bilanzminimum des Eiweißstoffwechsels?
> Bei welcher Höhe täglicher Eiweißzufuhr tritt Bilanzausgleich
> ein?

* Welche Hormonwirkungen bei der Geschlechtsdifferenzierung und der
geschlechtlichen Fortpflanzung?

Was würden Sie aus der Beobachtung schließen, daß bei einem Transport von Zuckern durch eine Membran entgegen einem Konzentrations-
gefälle ein entgegengesetzt gerichteter Transport von Na$^+$ festzustellen
ist?
> Na$^+$-Transport induziert also Zuckertransport, wobei es sich im
> letzteren Fall um ein sehr schwaches Anion handelt.

Bestimmte Funktionen des Nervensystems werden durch Hormone beeinflußt. Welche Wirkungen können Sie benennen?

Welche Durchmesser und Volumina haben im allgemeinen die Zellkerne tierischer Zellen und wie dick ist die tripelschichtdicke Zellkernmembran in Angström-Einheiten?

    Ist die Zellkernmembran ein kompaktes Gebilde und gegenüber anderen Zellorganellen völlig separiert? — Wenn nein, für welche Zellen trifft eine andere Anordnung sicher zu?

Woraus schließen Sie, daß die Summe der Anionen und Kationen im Blutplasma gleich ist?

Spezifische und unspezifische Abwehrreaktionen des Organismus werden durch Hormone beeinflußt. Diese wollen Sie bitte beschreiben.

Welches Nahrungsmittel ist die wichtigste Calciumquelle, sowohl für den wachsenden als auch für den ausgewachsenen menschlichen Organismus?

Gibt es neben Hormonen, die eine allgemeine Wirkung ausüben, auch solche, die nur auf spezielle Organe oder Zelltypen einwirken und welche sind das?

Was wissen Sie über die Zusammensetzung der Nierensteine?

Wie würden Sie erklären, daß das gleiche Hormon der Hypophyse die Bildung männlicher aber auch die Synthese weiblicher Geschlechtshormone steuert?

Welche generelle Aufgabe haben alle Verdauungsenzyme im Magen-Darm-Kanal?

    Die Zuordnung dieser Verdauungsenzyme zu einer einzigen Enzymklasse? — Spezifitätsgrad. — Der generelle Aufbau aller Hauptnährstoffe: direkt resorbierbar oder nicht resorbierbar? — Lösen zum Beispiel die Eiweißbruchstücke noch die Bildung von Antikörper aus, wie das die Ausgangsstoffe tun?

Welche Hormone sind Ihnen bekannt, die ihre spezifischen Wirkungen ausschließlich auf andere hormonale Organe und nicht auf die peripheren Funktionsorgane des Körpers ausüben?

Welche Funktionen im einzelnen übt die Leber in bezug auf den gesamten Kohlenhydratstoffwechsel aus?

    Viele Einzelheiten wurden bereits abgefragt. Jetzt stellen Sie alles zu einer umfassenden, „dynamischen" Gesamtübersicht zusammen. Nur einige Leittips: Blutglucoseumschlagplatz (Glykogenauf- und abbau) — Gluconeogenese aus Lactat, Glycerin, Aminosäuren. — Ist Gluconeogenese auch aus Acetyl-CoA möglich?

Warum gelingt es nicht, durch parenterale Zufuhr von Wachstums-
hormonen einen Organismus ad infinitum wachsen zu lassen?

Warum kann man die Harnstoffsynthese in der Leber als einen Entgif-
tungsmechanismus auffassen?
Einer der Ausgangsstoffe muß dann doch ein starkes Zellgift sein.

Gibt es außer Hormonmangelerscheinungen auch auf Hormonüberfluß
beruhende Anomalien und welche wichtigen Erscheinungen beider Gruppen sind Ihnen bekannt?

Was wissen Sie über die Zusammensetzung der Muskeleiweißkörper?

Wie hoch sind der tägliche Jodbedarf des Menschen und der mittlere
totale Jodvorrat desselben?
Wieviel davon befinden sich in der Schilddrüse? — Welches sind
die wichtigsten jodhaltigen Nahrungsbestandteile? — Wird Jod
im Organismus eingespart und auf welche Weise?

Welche Bedeutung kommt Ihrer Meinung nach für den Gesamtablauf
„Muskelkontraktion und Glykolyse" die Tatsache zu, daß die Efflux-
geschwindigkeit der Milchsäure kleiner ist als die Influxgeschwindigkeit
der Glucose?

Welche pathologischen Veränderungen beobachten wir bei Jodverar-
mung des Organismus?
In welchen Gegenden tritt er besonders gehäuft auf?

Welcher Bestandteil des Kollagens wird in den Fibroblasten gebildet
und was für ein Vorgang außerhalb desselben führt dann zur Bildung
der Kollagenfibrillen?
Hier kommt es zur Komplexbildung mit einer anderen makromolekularen Substanz.

In welchen verschiedenen Formen liegt Jod in der Schilddrüse vor?
Eine nicht gebundene und vier Formen in organischer Bindung,
davon sind zwei hormonal inaktiv und zwei weitere aktiv.

Auf welche Bestandteile sind die harten Eigenschaften des Knochens
einerseits und die elastischen Eigenschaften andererseits zurückzufüh-
ren?

Beschreiben Sie die Vorgänge der Jodaufnahme aus dem Blut in die
Schilddrüse und die Wege der Biosynthese von Tri- und Tetrajodthy-
ronin.
Die Jodresorption wird durch welche fremde Ionen gehemmt und
durch welchen Enzymtyp katalysiert? — Überführung des Jods in

organische Bindung an freiem niedermolekularem Tyrosin. Fremd-
stoffhemmung dieser Reaktionsstufe (Jodfänger?), Übergangs-
mechanismus vom jodierten Tyrosin zum jodierten Thyronin.

Welche besonderen chemischen Bestandteile des Nervengewebes sind
Ihnen bekannt?

Auf welche Weise erfolgt Freisetzung der Schilddrüsenhormone aus
hochmolekularer Bindung und wie werden sie ans Blut abgegeben?
 Eigenschaften und Zusammensetzung des Thyreoglobulins. —
 Wirkungsweise des thyreotropen Hormons.

Die stationären Konzentrationen einer Anzahl von Metaboliten liegen
im Bereich der Michaelis-Konstanten. Inwiefern ist dies ein Regulativ
für die enzymatischen Umsatzgrößen?

Welche Wirkungsunterschiede zwischen Trijodthyronin und Thyroxin
kennen Sie?
 Sie hängen auch von unterschiedlichen Bindungsqualitäten der
 beiden Hormone an das spezifische Transporteiweiß des Blutplasmas ab.

Was ist die Ursache der verschiedenen biologischen Wertigkeit der Nah-
rungsproteine und wie kann man sie quantifizieren?
 Verfahren von *Thomas*. — Verfahren von *Osborne* und *Mendel*. —
 Gegenseitige Ergänzung der Nahrungsproteine.

Was wissen Sie über Abbauvorgänge an den Schilddrüsenhormonen und
dabei mitwirkenden Enzymen?

Durch welchen Mechanismus werden Aminosäuren in die Zellen aufge-
nommen?
 Unterschiedliche Mechanismen für saure, neutrale und basische
 Aminosäuren. — Ein Träger bevorzugt L-Leucin, ein anderer
 L-Alanin. Was schließen Sie hieraus?

Beschreiben Sie die biologischen Wirkungen der Schilddrüsenhormone.

Wenn die Zellkerne tierischer Zellen im allgemeinen einen Durchmesser
von 5 μ und ein Volumen von etwa 40 μ³ haben, wieviele Kerne hätten
dann in einer Zelle Platz, die 20 μ Durchmesser und ca. 5000 μ³ Volumen aufweist, wenn sie unter der theoretischen Annahme mit Zellkernen
maximal ausgefüllt wäre?
 Wie groß ist der prozentuale Volumenanteil des Zellkerns am gesamten Zellvolumen, wenn a) ein Zellkern, b) zwei und c) drei
 Zellkerne vorhanden sind? — Gibt es übrigens auch Zellen mit
 gegenüber dem Gesamtvolumen abnorm großen Zellkernen und
 welche biochemischen Schlüsse könnten wir hieraus ableiten, wenn
 dies zutrifft?

In welcher Weise wird die Schilddrüsentätigkeit durch die Hypophyse gesteuert?

Bildungsort dieses Steuerhormons. — Gibt es einen Regelkreis, also auch eine Rückwirkung der Schilddrüsenhormone auf die Hypophyse? Steuerung des thyreotropen Hormons über den Hypothalamus?

Hat es einen Sinn, Ionenkonzentrationen in Blutplasma und anderen Körperflüssigkeiten in mg/100 ml anzugeben oder welche Konzentrationsangabe würden Sie bevorzugen?

Umrechnung:

$$\frac{(mg/100\ ml)}{MG = mVal/l} \times 10 \times \text{Wertigkeit.}$$

Welche Wechselwirkung zwischen Schilddrüsenhormonen und Hormonen anderer Drüsen kennen Sie?

Fünf Hauptfunktionen der Plasmaeiweißkörper können wir aufzählen. Eine physikochemische Funktion, zwei Transportaufgaben, eine Verschluß- und eine Abwehrfunktion.

In der Schilddrüse wird außer Trijodthyronin und Thyroxin noch mindestens ein anderes Hormon gebildet. Welches ist es und was wissen Sie über seine Funktionen?

Welche Typen von „Säurepaarlingen" findet man im Harn?

Rinde und Mark der Nebenniere haben entwicklungsgeschichtlich verschiedenen Ursprung und sie haben auch verschiedene hormonale Aufgaben. Welche?

Nicht ohne tieferen Grund sind Hormone von Rinde und Gonaden chemisch verwandt.

Welches Volumen an Verdauungssekreten fließt bei einem ausgewachsenen Menschen täglich in den Magen-Darm-Kanal, und welche Mengen an Enzymproteinen sind insgesamt in ihnen enthalten?

Beschreiben Sie die Biosynthesewege von Noradrenalin und Adrenalin.

Wenn Sie von Phenylalanin ausgehen sind die beiden ersten katalysierten Reaktionsschritte dem chemischen Mechanismus nach verwandt. An welchen Molekelstellen setzen sie an und was für Enzyme katalysieren sie? Dann Decarboxylierung. Wo ist diese Enzymaktivität am stärksten lokalisiert? — Wieder ein den beiden ersten Schritten verwandter Enzymmechanismus, und nun ein C_1-Transfer. Über dessen Mechanismus etwas ausführlicher memorieren.

Welche Funktionen im einzelnen übt die Leber in bezug auf den gesamten Lipidstoffwechsel aus?

Auch hier wurden alle Einzelheiten schon früher abgefragt. Bei der Gesamtschau müssen Sie unterscheiden zwischen den Funktionskomplexen, die die geradzahligen, längerkettigen, gesättigten und ungesättigten Fettsäuren katabol und anabol betreffen, dann die Fettsäuren enthaltenden Phosphatide, die Steroide, das Retinol und die anderen lipidlöslichen Vitamine, schließlich die vom Acetyl-CoA ausgehenden „Querverbindungen".

Außer im Nebennierenmark werden Catecholamine auch noch in anderen Organen synthetisiert und gespeichert. Welche sind das und wie erfolgt die Speicherung?

Wirkungsunterschiede zwischen Noradrenalin und Adrenalin.

Äthanol ist ein Zellgift und der aus ihm unter Wirkung der Alkoholdehydrogenase entstehende Acetaldehyd ebenfalls. Auf welchem Wege erfolgt die Entgiftung?

Durch welche Stoffe werden die Noradrenalinspeicher entleert?

Ein Stoff kann endogen entstehen, der andere ist ein Alkaloid.

An welche Fraktion der Muskeleiweißkörper ist die ATP-ase-Wirkung geknüpft und welche Bedeutung für die gesamte Muskelfunktion kommt ihr zu?

Der biochemische Abbau von Noradrenalin und Adrenalin erfolgt auf verschiedenen Wegen, vorwiegend in der Leber. Was ist Ihnen darüber bekannt?

Im Harn kommen mehrere Ausscheidungsprodukte vor. Drei Hauptreaktionen sind zu unterscheiden.

Bei Muskelkontraktion und Muskelstarre entsteht Ammoniak. Welches ist seine Ausgangssubstanz und was verbleibt nach seiner Abspaltung von dieser? Wie erfolgt die Reaminierung?

Die beiden endogenen Catecholamine weisen sowohl gemeinsame als auch unterschiedliche physiologische Wirkungsqualitäten auf. Beschreiben Sie sie so detailliert und so präzise wie möglich.

Dies ist eine Grenzfrage zwischen Biochemie und Physiologie. Sie beantworten die Frage auf Organismus- und Organebene.

Beschreiben Sie einen altersabhängigen Reaktionsverlauf in den Kollagenfibrillen und dann durch welche Maßnahme die Altersbestimmung eines Individuums unter Zugrundelegung von Bindegewebsanalyse möglich ist.

Welche Wirkung des Adrenalins auf Stoffwechselvorgänge kennen Sie?
Natürlich bewegen wir uns hier in verschiedenen Größenordnungen der Betrachtung: Gesamtstoffwechsel, Kohlenhydratstoffwechsel (welche Teilwirkungen und molekulare Mechanismen in der Leber?), Fettstoffwechsel. — „Notfallfunktion" (kommt letztere auch dem Noradrenalin zu?).

Was wissen Sie über die Kristallite des Knochens?
Wie breit und wie lang sind sie? Qualitative Zusammensetzung an anorganischen Anionen und Kationen. — Die chemische Grundstruktur der Kristallite ist eine Koordinations-Verbindung mit interessanten chemischen Struktur- und Funktionseigenschaften. Hat sie eine stets gleichbleibende Zusammensetzung? — Welche Umstände sind für den besonders schnellen Stoffaustausch an dieser anorganischen Grundsubstanz verantwortlich zu machen?

Welche Beziehungen bestehen zwischen Hormonabgabe durch das Nebennierenmark und Nervenerregung?
Welches Nervensystem ist hier gemeint?

Wir erwähnten bei der Einzelbesprechung der die Enzymkatalyse verändernden Komponenten die häufig beobachtete Produkthemmung eines Enzyms. Inwiefern ist dieses Phänomen ein Regulativ für eine Metabolsequenz?

Kennen Sie ein pathologisches Bild, das auf Überfunktion des Nebennierenmarks beruht?
Welches der beiden endogenen Catecholamine wird hierbei vermehrt gebildet?

Wie hoch veranschlagt die FAO die wünschenswerte Eiweißzufuhr für einen 70 kg schweren Menschen?

Welche allgemeinen Ausfallserscheinungen nach Adrenalektomie sind Ihnen bekannt?
Sie beruhen fast ausschließlich auf dem Ausfall der Nebennierenrindenhormone. Wie kann man sie nach dem geglückten operativen Eingriff verhindern?

Welche Bedeutung aus biochemischer Sicht messen Sie dem Vorhandensein von Löchern in den Zellkernmembranen bei?

Welche Mineralocorticoide sind Ihnen bekannt?
Das wichtigste und das anscheinend weniger wichtige. Beide sind C_{21}-Steroide. Bitte Formelbilder aufzeichnen.

Warum ist es grundverkehrt, von einer Kochsalzkonzentration des Blutes zu sprechen?

Neben zwei Mineralocorticoiden werden in der Nebennierenrinde drei Glucocorticoide synthetisiert. Welche sind das?
> Ebenfalls C$_{21}$-Steroide. — Formelbilder!

Welche Eigenschaften der Plasma-Albumine sind Ihnen bekannt?
> Teilchengewicht, IP, Wasserlöslichkeit, Hydratation, Vehikelfunktion, Bedeutung für den onkotischen Druck. — Präalbumin.

Neben zwei Mineralocorticoiden und drei Glucocorticoiden findet man in der Nebennierenrinde noch einige weitere Corticoide, die zum Teil Sexualhormonwirkung haben und Zwischenprodukte bei der Biosynthese der eigentlichen Rindenhormone sind. Welche kennen Sie?
> Haben diese Zwischenprodukte Bedeutung für den gesamten Sexualhormonhaushalt des Organismus?

Was ist Trigonellin und von welcher Vorstufe ist es ein harnfähiges Ausscheidungsprodukt?

Aldosteron ist ein typisches Mineralocorticoid. Hat es nicht auch Einfluß auf den Kohlenhydratstoffwechsel?
> Somit besteht doch keine ganz scharfe Trennung in den Wirkungen von Mineralo- und Glucocorticoiden!

Welche Mengen an Pepsin und an Amylase werden täglich erzeugt und welche Mengen von Eialbumin können durch 1 g Pepsin, sowie welche Mengen an Stärke durch 1,6 g Amylase umgesetzt werden?
> Reichen also diese beiden Enzymmengen aus, um Eiweiß und Stärke unserer täglichen Nahrung zu hydrolysieren? — Welches ist der begrenzende Faktor für die Verdauungsleistung des Magen-Darm-Kanals?

Bleibt die Wirkung der Glucocorticoide ausschließlich auf den Kohlenhydratstoffwechsel beschränkt oder erstreckt sie sich in gewissem Ausmaße auch auf andere Stoffwechselgruppen?
> Damit müssen wir auch die Kompetenz der Glucocorticoide erweitern.

Welche Funktionen im einzelnen übt die Leber in bezug auf den gesamten N-Stoffwechsel aus?
> Auch hier kennen wir schon viele Einzelheiten, doch jetzt versuchen wir eine Gesamtübersicht. Einzelne Komplexe: Transaminierungen bei Anabolismus der nicht essentiellen Aminosäuren, das gleiche bei Katabolismus aller Aminosäuren. — Endabbau, d. h. Harnstoffbildung. — Weiterverwertung der Kohlenstoffgerüste, z. B. zur Gluconeogenese oder Ketonkörperbildung (glucoplastische, ketoplastische, gluco-+ketoplastische Aminosäuren und solche, die keines von beiden sind) — Wann kann es zur vermehrten Ausscheidung von Aminosäuren im Harn kommen? — Biosynthese

von Cholin (hierzu Methyltransfer), von Kreatin (Mehrfach-
funktion des Arginins) — Synthese spezifischer Plasmaproteine
(welche?) — Synthese von Harnsäure (Ausgangsstoffe und Synthesewege, Störungen).

Welche klinisch-chemischen Analysenmethoden würden Sie heranziehen,
um eine Unterfunktion der Mineralocorticoide zu diagnostizieren?
Aber auch Messungen von Blutdruck und Blutvolumen müssen Sie
hinzunehmen.

Aromatische und hydroaromatische Kohlenwasserstoffe sind Zellgifte.
Auf welche Weise entgiftet der Organismus solche Verbindungen?
Teerarbeiter und Arbeiter in chemischen Werken inhalieren zuweilen beachtliche Mengen solcher flüchtigen Verbindungen. Was
wissen Sie über den Mechanismus der sogenannten Methyloxy-
dation? In welchen Formen findet man meist die Entgiftungs-
produkte im Harn?

Durch welche klinisch-chemischen und rein klinisch deskriptiven Erscheinungen drückt sich eine Überfunktion der Mineralocorticoide aus?

In welcher Bande der Myofibrillen ist das Myosin lokalisiert?
Welche besonderen Aggregationseigenschaften kennt man von
ihm? — Man kann es durch Trypsineinwirkung in zwei Komponenten zerlegen. Welche von beiden besitzt noch die ATP-ase-Wirkung?

Beschreiben Sie die katabolen Gesamtwirkungen der Glucocorticoide.
Durch welche klinisch-chemische Analyse kann man diesen Effekt
nachweisen? — Kommt es im Zuge der katabolen Tendenz einer
Stoffwechselgruppe nicht auch zu einem abhängigen anabolen
Trend einer anderen Stoffwechselgruppe?

Welche Beziehungen bestehen zwischen Muskeltätigkeit und Leberstoff-
wechsel?
U. a. auch Cori-Cyclus.

Was verstehen wir unter der „diabetogenen" Wirkung der Glucocorticoide?
Wie kann man sie klinisch-chemisch nachweisen?

Für die Kollagenbildung ist ein Vitamin notwendig. Welches?
Welche molekularen Wirkungsmechanismen glaubt man hierfür
verantwortlich machen zu dürfen?

Was wissen Sie über induktive Wirkungen von Steroiden auf die
Enzymbiosynthese?
Von welchen Steroiden kennt man bis jetzt solche Enzyminduk-
toren? — Zwei Enzyme des Glucosestoffwechsels sind hauptsäch-

lich betroffen, aber auch Enzyme des Aminosäurenstoffwechsels. —
Welches ist aber die Voraussetzung vermehrter Enzymbiosynthese?

Woraus besteht die organische Substanz der Knochen?
Welcher der Bestandteile spielt eine zentrale Rolle im Knochenstoffwechsel? — Auch ein niedermolekulares, trivalentes Anion
spielt hier eine wichtige Rolle.

Welche Beziehungen zwischen Struktur und Wirkung im Bereich der
Nebennierenrindenhormone sind Ihnen bekannt?

Wie hoch ist der Anteil des Gehirns am gesamten Sauerstoffverbrauch
des Organismus und was schließen Sie daraus?
Wie hoch ist der respiratorische Quotient des Gehirns und auf
welchen Typus von Energiestoffwechsel deutet er hin? — Kann das
Gehirn bei Hypoglykämie wie andere Organe auf Verwendung
anderer Metabolite umschalten?

Was wissen Sie über den Regelkreis zwischen Nebennierenrinde und
Hypophyse?
Gibt es auch Unterschiede in der Biosynthesebeeinflussung von
Gluco- und Mineralocorticoiden durch das ACTH?

Wird im normalen Stoffwechsel die Maximal-Kapazität der Atmungs-
kettenenzyme ausgenutzt und wenn nicht, zu welchem Prozentsatz
etwa?
Mit anderen Worten: Wirkt die Elektronentransportgeschwindigkeit begrenzend oder vielmehr die oxydative Phosphorylierung? —
Wodurch wirkt die letztere limitierend? — Kann die oxydative
Phosphorylierung vom Elektronentransport abgekoppelt werden? — Durch welche Stoffe? — Hat das einen Einfluß auf die
Elektronentransportgeschwindigkeit?

Welche Substanz ist die Vorstufe der Gluco- und Mineralocorticoide in
der Nebennierenrinde und welche Hilfssubstanz ist zu deren Biosynthese noch erforderlich?
Beide nehmen bei gesteigerter Steroidbiosynthese ab.

Die allgemeine Bedeutung der Mineralstoffe für die Lebenstätigkeiten
der höheren Säugetiere und des Menschen.
Die anorganische Knochensubstanz ist im chemisch-statischen Sinne
nahezu unlöslich in wäßrigem Milieu. Ist sie es aber auch im bio-
logisch-dynamischen Sinne? — Ionenmilieu — Spezialaufgaben.

Sind bestimmte Teile der Nebennierenrinde auf die Biosynthese der
beiden Steroidgruppen spezialisiert?

Das Cardenolid Strophantin hemmt den Kationentransport, aber auch denjenigen von Aminosäuren (und auch den von Serotonin). Was schließen Sie hieraus?

Die Steroidbiosynthese in der Nebennierenrinde hängt in ihrem Ausmaß u. a. auch von einer Enzym-katalysierten „Zubringer-Reaktion" ab. Welche ist das und wie kann man sie exogen beeinflussen?
> Vielleicht beruht die ACTH-Wirkung zum Teil auch auf der Ankurbelung dieser „Zubringer-Reaktion". — Die beiden wichtigsten Substrate dieser Reaktion. — Zum Umsatz des einen gibt es zwei Isoenzyme.

Was schließen Sie daraus, daß die Nucleoli 10—20% der gesamten Zellkern-RNA enthalten und ihrerseits reich an RNA sind?

Wird die ACTH-Bildung im Hypophysenvorderlappen außer im eigentlichen Regelkreis durch die Nebennierenrindensteroide nicht auch noch durch andere periphere Hormone beeinflußt und durch welche?

Nach welcher Beziehung berechnet man die Anionenäquivalenz der Eiweiße unter Verwendung eines von *van Slyke* angegebenen empirischen Faktors?

Welche Gesamtwirkung leiten Sie aus dem Befund ab, daß die ACTH-Produktion im Hypophysenvorderlappen außer durch die Hormone der Nebennierenrinde auch durch die Hormone des Nebennierenmarks gesteuert wird?
> Hier dürfte ein neurohumoraler Mechanismus über den Hypothalamus mitspielen.

Um wieviele ml vermehrt sich das Plasmavolumen bei parenteraler Verabreichung von 1 g Albumin?

Beeinflußt ACTH auch die Bildungsgröße des Aldosterons in der Nebennierenrinde oder kommen hierbei andere Regulatoren zum Zuge?
> Bedenken Sie die Steuerwirkung des Aldosterons, wenn Sie eine Regelkreisvorstellung entwickeln wollen!

Welche Verdauungsenzyme finden wir in Speichel, Magensaft, Pankreassaft und Darmsaft bzw. Darmmucosa?

In welcher Weise wirkt Angiotensin auf die Nebenniere?

Welche Unterschiede sehen Sie zwischen den Begriffen „Mineralstoffe im engeren Sinne" und „Spurenelementen"?
> Zu welcher Gruppe werden Sie das Eisen ordnen?

Werden die Nebennierenrindenhormone analog den Nebennierenmark-
hormonen in ihren Bildungsstätten gespeichert und nur nach exogenen
Reizen ans Blut abgegeben?

Etwa 95% der Gesamtzell-DNA sind im Zellkern vorhanden. Also gibt
es noch etwa 5% extranuclearer DNA. In welchem Zellorganell ist diese
DNA lokalisiert?
> Diese dürfte doch auch genetische Information enthalten!

Wir kennen einen Kurzzeiteffekt des ACTH auf die Nebennierenrinde
und einen Langzeiteffekt. Welche Steroidhormone werden in den beiden
Fällen bevorzugt produziert und abgegeben?

In welchen Verhältnissen zueinander stehen die Ionenkonzentrationen
Na^+ zu K^+ und Cl^- zu HCO_3^- im Blutplasma jeweils ausgedrückt in
mVal/Liter?

Welche Enzymmechanismen kommen bei der Inaktivierung und Aus-
scheidung von Nebennierenrindenhormonen zum Zuge?
> Gibt es hierbei nicht nur völlige Inaktivierungen, sondern u. U.
> auch „Wirkungsumstimmungen"? — Welche Konjugationsreaktio-
> nen kennen Sie?

Das Plasma-Albumin besitzt eine ausgeprägte Bindungsaffinität für
Ca^{2+}, Mg^{2+}, Fettsäure u. a. Anionen. Es bindet aber auch schwach polare
Stoffe. Welche sind es hauptsächlich, die durch Albumin transportiert
werden?

Was bezeichnen wir als 17-Ketosteroide, von welchen Vorstufen leiten
sie sich ab und in welchen endgültigen Formen werden sie im Harn
ausgeschieden?
> Wohl aus 17-Hydroxysteroiden, aber auch aus Androgenen (wel-
> chen?).

Erfolgt die enzymatische Umwandlung des Prolins als Baustein des
Kollagens in Hydroxyprolin auf der Stufe der freien Aminosäure vor
dem Einbau in die Polypeptidfaser des Tropokollagens?
> Welcher Enzymmechanismus führt zu dieser Umwandlung?

In welchen Formen werden Corticosteron und Aldosteron ausgeschieden?

Welche Bedeutung für den Ablauf der Lebensfunktionen kommt Na^+,
K^+ und Cl^- zu?
> Gibt es auch Enzyme, die eines dieser Ionen als anorganisches Kom-
> plement benötigen? — Ein bestimmtes Enzym der Zellmembran
> benötigt sogar die beiden Kationen. — Wo ist die Hauptmenge des
> Na^+ und wo die des K^+ lokalisiert?

Bei Überfunktion der Nebennierenrinde treten in der Hauptsache drei typische klinische Bilder auf. Welche sind das und durch welche Hormonüberfunktionen werden sie hervorgerufen?

Sie können einmal durch Überfunktion des Hypophysenvorderlappens oder auch durch Nebennierenhyperplasie entstehen, z. B. infolge eines Tumors.

Sind die Chromosomensätze der Somazellen höherer Säugetiere und des Menschen stets streng diploid oder kommen gelegentlich auch andere Ploidiegrade vor?

Wenn ja, in welchen Zelltypen trifft man gehäuft auf Ploidieaberrationen?

Auch durch Unterfunktion der Nebennierenrinde kommt es zu charakteristischen pathologischen Zuständen. Welche kennen Sie?

Welche Eiweißkomponenten treffen wir in der Plasmaeiweißfraktion der α-Globuline an?

Hauptsächlich Proteide. Die wichtigsten Klassen und einige ihrer klinisch bedeutungsvollen Vertreter sollten Sie kennen.

Welche allgemeinen Funktionen sind Ihnen von der Pankreasdrüse bekannt?

Die exkretorische Aufgabe erwähnen wir in diesem Zusammenhang nur kurz, über die inkretorischen Funktionen sagen Sie etwas mehr aus.

Warum sehen Ihrer Meinung nach sich vorwiegend vegetarisch ernährende Völker Kochsalz als notwendigen Nahrungsbestandteil an und sich vorwiegend von Fleisch ernährende Völker nicht?

Was wissen Sie über die molekularen Eigenschaften von Insulin und Glucagon?

Zunächst die separaten Bildungsstätten im Pankreas. Dann wiederholen Sie alles, was Sie zu dieser Frage wissen, denn danach war früher schon einmal gefragt. — Übereinstimmungen und Unterschiede in den Aminosäurensequenzen von Insulin aus verschiedenen Tierspecies. — Sind die Disulfidbrücken essentiell für die Insulinwirkung? Welche anderen Aminosäurenreste sind es noch und welche sind es nicht?

Darf man bei der Analyse von Ionengleichgewichten die Konzentrationsangaben in mVal/Liter auf das Volumen der Körperflüssigkeit beziehen?

Enthalten denn die Körperflüssigkeiten nur anorganische Ionen? — Kommen andere Inhaltsstoffe, z. B. Proteine im Plasma oder Erythrocyten im Blut auch als Lösungsmilieu für die anorganischen Ionen in Betracht? — Was wäre dann hinter das .../Liter als präzisierende Angabe zu setzen?

Wird Insulin in den Langerhansschen Inseln der Pankreasdrüse nach seiner Biosynthese gespeichert oder sofort und in permanentem Strom an das Blut abgegeben?

> Wenn Speichermöglichkeit, dann in welcher Form? — Warum ist diese Möglichkeit einer Speicherhaltung physiologisch nicht nur sinnvoll, sondern geradezu eine Notwendigkeit?

Welche Bedeutung kommt bakteriellen Kollagenasen zu?

Welche regulativen Beziehungen bestehen zwischen der Höhe des Blutzuckerspiegels und der Insulinabgabe aus den Langerhansschen Inseln des Pankreas?

> Gibt es einen bestimmten Glucosespiegel, der eine Art von Reizschwelle für die Insulinabgabe ist und wie hoch ist die letztere anzusetzen?

Ist Ihrer Meinung nach unsere mitteleuropäische Ernährungsweise geeignet, den Mineralstoffbedarf des menschlichen Organismus ausreichend zu decken oder welche „Engpässe" oder „Lücken" würden Sie sehen?

Was verstehen wir biochemisch unter dem Chromatin der Morphologen?

Welche Wirkung haben Hunger oder Kohlenhydrat-freie Ernährung auf die Insulin-Sekretion?

Wenn das Plasma $\sim$165 mVal Kationen/Liter H_2O, die Erythrocyten etwa 170 mVal/Liter H_2O und die intracelluläre Flüssigkeit des Muskels etwa 200 mVal/Liter H_2O enthalten, wie erklären Sie, daß trotzdem osmotisches Gleichgewicht besteht?

In welcher Weise sind Insulin und Adrenalin Wirkungsantagonisten bei der Blutzuckerregulation?

> Spielt eine solche antagonistische Wirkung der beiden Hormone bei der „normalen" Regulation schon eine Rolle oder erst bei bestimmten Reaktionslagen des Gesamtorganismus?

Welche Transportfunktion erfüllt Coeruloplasmin?

Wie hoch veranschlagen Sie die normale Tagesproduktion eines gesunden Erwachsenen an Insulin, ausgedrückt in mg und in IE?

Kennen Sie einen Natriummangelzustand des Menschen und unter welchen Umständen könnte er auftreten?

Hält die Insulinwirkung über längere Zeit an oder wird das Hormon relativ schnell inaktiviert?

> Insulin gehört zur Gruppe der „dynamischen" Hormone. — Wie heißt das Insulin abbauende Enzym und wo ist es hauptsächlich lokalisiert?

Während Anzahl und Ausmaß der Mitochondrien in den Zellen verschiedener Organe beträchtlich variieren, gibt es doch gemeinsame, elektronenmikroskopisch nachzuweisende Strukturcharakteristiken. Diese wollen Sie bitte eingehend beschreiben.

Etwaige kleinste und größte Anzahlen von Mitochondrien in Tierzellen (kurze Achse etwa 0,5 µ, lange Achse etwa 1,5 µ, Volumen etwa 0,8 µ³). — Die Ultrastruktur der Cristae mitochondriales?

Welche Wirkung des Insulins auf den Kohlenhydratstoffwechsel kennen Sie?

Wirkungen auf a) die Glykogen-Zwischenbildung — b) die Glykolyse — c) den Fettstoffwechsel — d) den Aminosäurenstoffwechsel (die beiden letzteren besonders in ihren Beziehungen zum Kohlenhydratstoffwechsel. Hierbei zu unterscheiden zwischen direkten Wirkungen auf die Umsatzgrößen und indirekten Wirkungen, also auf dem Umweg über Enzyminduktion).

Wodurch unterscheidet sich die interstitielle Flüssigkeit vom Blutplasma in ihrer Zusammensetzung?

Trotzdem besteht Isotonie.

Inwieweit besteht eine antagonistische Wirkung zwischen Insulin und Corticoiden?

Welches der beiden Hormone bzw. Hormongruppen wirkt katabol und antikatabol?

Was ist Elastin, wo kommt es vor und durch welche Eigenschaften unterscheidet es sich von Kollagen?

Abgesehen von Löslichkeitsunterschieden in schwachen Säuren und Basen und kochendem Wasser besitzt es auch mechanische Besonderheiten und insbesondere enthält es zwei Substanzen, die aufgrund ihrer chemischen Struktur Verknüpfungspunkte für vier verschiedene Peptidketten sein können.

In welcher Weise beeinflußt Insulin die Gluconeogenese?

Auch Kaliummangelerscheinungen können unter gewissen Umständen auftreten. Welche sind das und was für Mangelerscheinungen beobachtet man dann?

Ist Ihnen eine anabole Wirkung des Insulins bekannt?

Welche enzymatischen Funktionseinheiten sind in der Außenmembran der Mitochondrien lokalisiert?

Insulin beeinflußt auch die Zellpermeabilität. In welcher Weise und für welche Metabolite?

Im Blutplasma liegt Ca^{2+} außer in freier Form noch in zwei gebundenen Formen vor. Welches sind die Liganden?

Gibt es eine Wirkungsbeziehung zwischen Insulin und STH?

Was sind Desmosin und Isodesmosin und welche Strukturbesonderheiten erlaubt ihr Vorkommen im Elastin?

Beschreiben Sie den Wirkungsantagonismus zwischen Insulin und Glucagon bzw. Adrenalin.
> Sie kennen auch einen molekularen Wirkungsmechanismus der beiden letztgenannten Hormone im „oberen" Bereich des Kohlenhydrat-Metabolismus.

Gemeinsames und Unterscheidendes in Bedeutung und Stoffwechselverhalten von Ca^{2+}, Mg^{2+} und HPO_4^{2-}.

Welche klinischen Erscheinungen des Ausfalls von Parathormon sind Ihnen bekannt?
> Worauf sind diese zurückzuführen? — Welche Inhaltsstoffe des Blutes muß man bei Verdacht auf Fehlfunktion der Epithelkörperchen analysieren? Gibt es eine Operation, bei der die Gefahr der Exstirpation von Epithelkörperchen besteht?

Was wissen Sie über Permeabilitätsbesonderheiten der Mitochondrien-Außenmembran?
> Sie erinnern sich, daß NADH aus dem Cytoplasma nicht in die Mitochondrien penetriert und das gleiche auch für andere Stoffe gilt. Transportmechanismen für [H]?

In welcher Weise wirkt Parathormon sowohl auf die Knochen als auch auf die Nieren?
> Hierbei spielt nicht nur ein bivalentes Kation eine Rolle, sondern auch ein anorganisches sowie ein organisches trivalentes Anion.

Ist der Liquor cerebrospinalis lediglich ein Ultrafiltrat des Blutplasmas?
> Obgleich annähernde Osmolarität, gibt es doch Konzentrationsunterschiede. Was schließen Sie daraus?

Die drei morphologisch unterscheidbaren Abschnitte der Hypophyse sind auch physiologisch-biochemisch von Bedeutung. Inwiefern?
> Beim Menschen im wesentlichen Adenohypophyse und Neurohypophyse, dazu Hypophysenstiel.

Die charakteristischen Gerüsteiweiße der Epidermis und ihrer Anhanggebilde nennen wir Keratine. Was wissen Sie von ihnen?
> Löslichkeit in Wasser und Angreifbarkeit durch Verdauungsenzyme. — Chemische Zusammensetzung, d. h. welche Aminosäu-

ren in vergleichsweise hoher und niederer Konzentration und Unterscheidung der verschiedenen Keratine (je nach Vorkommen) durch welche Aminosäurenkonzentration? — Verschiedene Keratinfasertypen. — Dehnung, Kontraktion, Superkontraktion.

Beschreiben Sie anhand einer Regelkreisvorstellung die allgemeinen Wechselbeziehungen zwischen „peripheren" Hormondrüsen und der „zentralen" Hypophyse.
Die beiden unterscheidenden Begriffe peripher und zentral wurden in Parenthese gesetzt, um dadurch anzudeuten, daß es beim Regelkreis im strengen Sinn wohl kein Zentrum und keine Peripherie gibt.

Für welche physiologischen Teilfunktionen sind Ca^{2+} und Mg^{2+} notwendig?

Inwieweit ist das gesamte hormonale Steuersystem von der nervösen Innervation abhängig und welche diesbezüglichen Steuerzentren kennen Sie?

An welchen Orten der Mitochondrienstruktur sind die Enzyme der Elektronentransportkette und der oxydativen Phosphorylierung lokalisiert?
Partikel mit Teilchengewicht von etwa $1{,}3 \cdot 10^6$ Dalton (darunter etwa $9 \cdot 10^5$ Proteine, Rest ist Lipid) = Elementarpartikel nach *Green* und *Fernandez*. Aber wo sitzen sie?

Welche Zelltypen befinden sich in der Adenohypophyse und welche Hormone werden in ihnen erzeugt?

Ist der Speichel gegenüber dem Blutplasma isoton?

Was verstehen wir unter trophischen Hormonen?

Es gibt drei verschiedene Haptoglobin-Gruppen. Welche Aufgaben kommen ihnen zu?

Gibt es Hypophysenvorderlappenhormone, die auf alle Körperzellen wirken, und solche mit Wirkung nur auf bestimmte Organe?
Nennen Sie Beispiele für beide Gruppen.

Für welche Enzyme ist Mg^{2+} Cofaktor?

Beschreiben Sie molekulare Eigenschaften und physiologische Funktionen des somatotropen Hormons (STH).
Insbesondere seine Wirkung auf den Eiweißstoffwechsel müssen Sie hier beschreiben. Anabole oder katabole Wirkung? — Welche Stufe der Proteinbiosynthese wird insbesondere durch STH stimuliert?

Mitochondrien enthalten DNA. Deren genetischer Informationsgehalt soll etwa 15% desjenigen der Zellkern-DNA betragen. Welche Schlüsse können Sie hieraus ziehen?

Sind Mitochondrien genetisch autonom? — Gibt es in der Pflanzenwelt nicht auch andere autonome Partikel, deren Funktionen man mit denen der Mitochondrien vergleichen könnte?

Es gibt hormonale Gegenspieler des STH. Welche sind das?

Obgleich zwischen Blutplasma, Magensaft, Pankreassaft, Galle und Dünndarmsaft nahezu Isosmolarität besteht (etwa 155 mVal/Liter), trifft man doch erhebliche Unterschiede in den relativen Ionenkonzentrationen an. Welches sind die auffälligsten Unterschiede?

In welcher Weise beeinflußt STH Kohlenhydrat-, Eiweiß- und Fettstoffwechsel?

Treten unter verstärkter STH-Wirkung nicht auch Ketonkörper im Blut erhöht auf?

In Formen welcher Bindungstypen trifft man Phosphat als Bestandteil organischer Molekeln an?

Hochmolekular, niedermolekular, energiereich, energiearm — und nun die Bindungstypen.

Was wissen Sie über das Thyreotrope Hormon (TSH)?

Molekulare Eigenschaften — Biochemische Wirkungen.

Das endoplasmatische Reticulum mit seinem intracysternealen Raum ist von besonderem biochemischen Interesse. Berichten Sie hierüber.

Zunächst: Zwei Arten von endoplasmatischem Reticulum. — Dann: Vier Funktionskomplexe: 1. Biosynthese verschiedener Gattungen von Makromolekülen. — 2. Transportfunktion. — 3. Kontrolle über synthetisierte oder aufgenommene Komplexmoleküle. — 4. Vorstufen und Lager für andere Membransysteme (welche?).

Das adrenocorticotrope Hormon (ACTH) gehört zur Gruppe der Peptidhormone. Was wissen Sie über molekularen Aufbau und biochemische Funktionen?

Beschreiben Sie die grundsätzlichen Unterschiede in den relativen Ionenkonzentrationen zwischen Blutplasma und Intracellulärflüssigkeit.

Beschreiben Sie den Regelkreis zwischen ACTH-Abgabe aus der Hypophyse und der Corticoidbildung sowie Rückwirkung der letzteren auf die erste.

Wirken hierbei auch Nervenstimuli und Adrenalin mit? — Corticotroper Freisetzungsfaktor?

Welche Eiweißkörper sind in der γ-Globulinfraktion enthalten?

Was ist Ihnen vom Melanocyten stimulierenden Hormon (MSH) bekannt?
> In welchem Hypophysenteil wird es gebildet? — Bekannte Wirkung bei Tieren und Menschen. — Ähnlichkeit im Aufbau von MSH und Corticotropin?

Kennen Sie einige synergistische und antagonistische Wirkungen von Ca^{2+} und Mg^{2+} im Stoffwechsel und in einigen physiologischen Teilfunktionen?

In welchem Hypophysenteil werden die beiden cyclischen Peptidhormone Oxytocin und Vasopressin gebildet? Was wissen Sie über deren chemische Strukturen und biologische Funktionen?
> Makroring durch wieviele Aminosäurenreste? — Ringschluß durch was für eine chemische Brücke? — Die vier Hauptwirkungen der Neurohypophysenhormone und Wirkungsunterschiede?

Beschreiben Sie Aufbau und Sitz der die Proteinsynthese durchführenden Zellpartikeln.
> Sie heißen? — Partikelgewicht? — Sedimentationskonstanten? — Wieviel Prozent Protein und RNA?

Bewirkt Vasopressin auch eine Uterus-Kontraktion so wie Oxytocin?

In welcher Blutplasmaeiweißfraktion kommt Transferrin vor und welche Funktion übt es aus?

Verursacht Oxytocin eine Milchejektion und welche diesbezügliche Wirkung hat Vasopressin?

Was ist Hippursäure und von welcher Vorstufe ist es ein harnfähiges Ausscheidungsprodukt?

Haben Oxytocin und Vasopressin gleiche antidiuretische Wirkungen?

Welches Verdauungsenzym und andere „Hilfsstoffe" werden im Magen erzeugt und in das Lumen sezerniert?
> Vorstufe des Hauptenzyms und Aktivierungsmechanismus. — Bildungsorte. — pH-Optimum. — Wodurch eingestellt? — Bildungsorte der Salzsäure. — Andere Enzyme? — Enthält der Magensaft des Säuglings Salzsäure? — Bildungsort des Magenschleims.

Wirken Vasopressin und Oxytocin gleich stark blutdruckerhöhend oder welchem der beiden Neurohypophysenhormone kommt hier die stärkere oder alleinige Wirkung zu?

Nach den verschiedenen Bindungszuständen des Ca^{2+} in den Körperflüssigkeiten war früher schon einmal gefragt worden. Jetzt wollen Sie
es noch einmal im Zusammenhang mit den anderen Fragen dieser Seiten
wiederholen.

Nichtdiffusibler und diffusibler Anteil. — Der erstere gehorcht, zusammen mit seinem hochmolekularen Liganden dem Massenwirkungsgesetz. — Der diffusible Anteil liegt wieder in zwei Formen
vor.

Was ist Ihnen vom Follikel-stimulierendem Hormon (FSH) bekannt?
Wirkt es isoliert oder im Verein mit den anderen gonadotropen
Hormonen? — Zu welcher Proteinklasse gehört es aufgrund seiner
Zusammensetzung?

Was verstehen wir unter der Ionenpumpe?
Durch welchen Mechanismus wird die niedrige intracelluläre Na^+-
Konzentration aufrecht erhalten? — Beim Eintritt des Zelltodes
strömt doch Na^+ durch die Zellmembran in die Zellen ein. —
Welcher Vorgang sorgt für die höhere K^+-Konzentration in den
Zellen gegenüber dem Außenmilieu? — Welche Beziehung besteht
zwischen Ionentransport und Stoffwechsel? — Welche Substanz
wird letzten Endes bei allen Einzelvorgängen des Ionentransports
benötigt?

Das luteinisierende Hormon wird jetzt Interstitiellzellen stimulierendes
Hormon (ICSH) genannt. Was wissen Sie von ihm?
Es wirkt nur, wenn ein anderes gonadotropes Hormon bereits vor-
her zur Wirkung kam. — Es stimuliert das Wachstum welcher
Zellen des Hoden und der Ovarien? — Chemische Natur?

Was bezeichnen wir als Polysomen oder Ergosomen und welche Funktionen haben sie?

Wenn FSH und ICSH ihre Wirkung getan haben, muß noch ein drittes
gonadotropes Hormon hinzukommen. Welches ist das?
Nun erst kommt es zur Bildung des Progesterons, in welchem
Organ? — Wirkungssynergismus mit Oestrogenen in einem anderen Organ?

Formulieren Sie die Donnan-Verteilung zwischen Erythrocyten und
Plasma.
Hierbei können sowohl die Ionenäquivalenz des Plasmaeiweißes
als auch die Proteinanionen in den Zellen unberücksichtigt bleiben. — Von welcher Größe hängt der Verteilungsquotient der
diffusiblen Anionen ab? — Wie kann man die Verteilung des
Wassers zwischen Erythrocyten und Plasma ableiten? — Wie kann
man die Verschiebungen in der Ionenverteilung und im Wasser-
gehalt der Erythrocyten bei Veränderungen der H^+-Ionenkonzen-
tration erklären?

Was ist Choriongonadotropin (CGT) und welche hormonalen Wirkungen kennt man von ihm?

Sind Sie der Ansicht, daß ein genetisch bedingter Albuminmangel schwere Funktionsschäden verursacht?

Beschreiben Sie den Regelkreis, der die Bildung der Gonadotropine kontrolliert.

Kommen normalerweise im Harn Eiweißkörper vor und welche sind es?
   Unter welchen pathologischen Bedingungen findet man eine Albuminurie?

Welche Bedeutung kommt Progesteron bei der Biosynthese der Steroidhormone zu?

Findet man bei Hypoproteinämie mit verringertem Gesamtcalcium normale Blut-Ca^{2+}-Konzentrationen?
   Also scheint es dem Organismus darauf anzukommen, nicht das Gesamt-Ca^{2+} zu regulieren, sondern nur das freie Ca^{2+}. — Welche der verschiedenen Formen des Ca^{2+} ist das biologisch aktive?

Kann man Androgene ausschließlich im Hoden nachweisen?

Was wissen Sie über die Teilchengewichte der RNA-Partikel in den Ribosomen?
   Spielt ein bivalentes Kation bei diesem Assoziation-Dissozation-Gleichgewicht eine Rolle?

Was verstehen wir unter Oestrogenen, Gestagenen und Androgenen?

Werden die γ-Globuline ebenfalls in der Leber synthetisiert wie die Albumine und das Fibrinogen?

Kommen Oestrogene auch im Hoden und in den Nebennieren vor?

Welche Aufgaben erfüllen Mucopolysaccharide im Organismus?
   Charakteristikum aller Mucopolysaccharide. — Welche beiden Aminozucker? — Unterschiede zwischen sauren und neutralen Mucopolysacchariden. — Und nun fünf verschiedene Aufgabengebiete: Eine Struktur-, zwei Transport- und zwei rein chemische Funktionen.

Wodurch unterscheiden sich die Androgene chemisch von den C_{21}-Steroiden und die Oestrogene von den Androgenen?
   Formelbilder von Progesteron, Pregnandiol, Testosteron, Androsteron, β-Oestradiol, Oestron, Oestriol.

Von welchen Faktoren hängt die Konstanthaltung des Calciumblut-
spiegels ab?

Zufuhr, Ausfuhr. — Hormone — Vitamine.

Welche allgemeinen Wirkungsanalogien von Oestrogenen auf den weib-
lichen und männlichen Körper sind Ihnen bekannt?

Was wissen Sie von den biochemischen Funktionen des Golgi-Appara-
tes?

Wie ist er aufgebaut? — Zusammenhang mit anderen Zellorganellen? — In welchen Zellspecies besonders gut ausgebildet? —
Hierauf Rückschlüsse auf biochemische Funktionen.

Welches von den drei Oestrogenen Oestron, Oestradiol und Oestriol ist
das wirksamste?

Die verschiedene Ionisation des Hämoglobins in Abhängigkeit von der
Sauerstoffsättigung wirkt sich nicht nur auf das Ausmaß des CO_2-
Transports aus, sondern auch auf die Verteilung der diffusiblen Anionen
und des Wassers zwischen Plasma und Erythrocyten. Inwiefern?

Siehe Gibbs-Donnan-Gleichgewicht.

Was ist Stilboestrol chemisch und welche physiologischen Wirkungen
besitzt es?

Was verstehen wir unter Rest-Stickstoff?

In klinisch-chemische Laboratorien werden zuweilen Harnproben
von den Stationen mit der Auflage geschickt, Rest-N zu bestim-
men. Was sagen Sie dazu? — Was ist nun Rest-N in Wirklichkeit? — Normalwert? — Unter welchen pathologischen Zuständen
erhöht? — Wieviel vom Gesamtbetrag entfallen auf Harnstoff,
Harnsäure, Kreatinin, Aminosäuren? — Was ist Residual-N?

Was verstehen wir unter Gestagenen, welches ist das wichtigste Gestagen
und welche hormonalen Wirkungen weisen sie auf?

Beschreiben Sie die beiden wichtigen und interessanten Eigenschaften
des Actins.

Welcher niedermolekulare Bestandteil ist am Übergang des einen
in den anderen beteiligt? — Aber noch ein bivalentes Kation spielt
mit und ein enzymatischer Spaltprozeß, durch den Energie ver-
fügbar wird.

Welche morphogenetische und welche metabole Wirkung kennen wir
von den Androgenen?

Bau und Funktion der Hyaluronsäure.

Verzweigtes oder unverzweigtes Homo- oder Heteroglykan. —
Kleinste Baueinheit. — Welche Verknüpfungsart zwischen Glucu-

ronsäure und N-Acetyl-glucosamin? — Teilchengewicht der Hyaluronsäure. Viscosität verdünnter wäßriger Lösungen. — Hydratation. — Vorkommen und Funktionen. — Enzymatische Spaltbarkeit. — Welche Zellen synthetisieren Hyaluronsäure?

Oestrogene veranlassen die spezifischen morphologischen Ausprägungen über metabole Regulatoren. Welche Stoffwechselwirkung von Oestrogenen kennen Sie im einzelnen?

Welche Ursachen kann eine diagnostizierte Hypocalciämie haben und wie begegnet man ihr therapeutisch?

Beschreiben Sie die Enzym-katalysierten Umwandlungsmöglichkeiten der Sexualhormone anhand eines Schemas.

Welche größenordnungsmäßigen Unterschiede bestehen zwischen den Austauschgeschwindigkeiten von Anionen und Kationen an den Zellmembranen zwischen intra- und extracellulären Räumen?

In welchen Konjugationsformen werden Oestrogene vorwiegend ausgeschieden?

Gibt es außer Regulation der Ionen-Verteilung durch Stoffwechselgrößen noch andere Regulatoren, zum Beispiel hormonale, und welches ist hierbei das wichtigste Agens?

Eine spezifische 17-α-Hydroxylase führt Progesteron in was für ein Derivat über?
　　Welche Wirkungen kennen Sie von diesem Derivat?

Folgende Zahlen sollten Sie sich genau merken: Normalwerte für Nüchtern-Blutzucker, Gesamt-Fettsäuren, Gesamt-Phospholipide, Gesamt-Cholesterin.

Auf welche Weise entsteht Δ^4-Androsten-3,17-dion aus 17α-Hydroxyprogesteron?

Auch eine Hypercalciämie ist von klinischer Bedeutung. Welche Ursachen und klinische Erscheinungen kennen Sie?

Durch welche Enzymreaktionen können aus Δ^4-Androsten-3,17-dion einerseits Testosteron, andererseits 19-Hydroxy-Δ^4-androsten-3,17-dion entstehen?

Welche Funktionen kennen Sie von den Lysosomen?
　　In welchen Zellspecies findet man besonders viele Lysosomen?

Beschreiben Sie diejenigen enzymatischen Reaktionen, die zur Bildung von Oestron aus 19-Hydroxy-Δ^4-androsten-3,17-dion und von β-Oestradiol aus Oestron führen.

Was bezeichnen wir als Transport-ATP-ase und welche Funktion übt sie aus?

Formulieren Sie die Abbauprodukte des Testosterons.

Was sagen Sie zu den Vorgängen der Pinocytosis und Phagocytosis aus biochemischer Sicht?

Auf welche Weise wird Progesteron unwirksam gemacht und in welcher chemischen Form wird es ausgeschieden?

Welche einzelnen Puffersysteme des Gesamt-Blutes kennen Sie und welches von ihnen ist für die pH-Konstanz des Blutes (pH $7,4 \pm 0,05$) am wichtigsten?
> Erwähnen Sie die Henderson-Hasselbalch-Beziehung unter Einbezug von Tätigkeiten einiger Organsysteme, insbesondere von Niere und Lunge (Beeinflussung von Zähler und Nenner der Puffergleichung) zu einer „physiologischen Regulationsformel".

In der Mikrosomenfraktion der Leber befindet sich eine 5α-Dehydrogenase, und im Cytoplasma eine 5β-Dehydrogenase. Welche Bedeutung kommt diesen beiden Enzymen für den Abbau der Steroidhormone zu.

Welche katalytische Funktion übt Thromboplastin (Thrombokinase) aus?
> Seine Aufgabe in der Vorstufe des komplexen und mehrstufigen Vorgangs der Blutgerinnung.

Beschreiben Sie die Hormonregulation des Menstruationscyclus der Frau.

Bei Plasmocytom wird im Harn in größerer Menge ein pathologischer Eiweißkörper ausgeschieden. Welcher ist das und welche besonderen, von „normalen" Proteinen abweichende Eigenschaften besitzt er?

Bildungsort, chemische Natur und Wirkungsweise des Gastrins.

Wie groß ist die Salzsäure-Konzentration des Magensaftes und wie kann man sie experimentell ermitteln?
> Angaben natürlich in mVal/Liter! — Genaue Beschreibung der Gewinnung von Magensaft und seiner Titration.

Welche organische, in pflanzlichen Nahrungsmitteln enthaltenden Säuren hemmen die Calciumresorption u. U. beträchtlich?

Welche Verbindung entsteht bei der Komplexbindung von F-Actin mit Myosin und was wissen Sie über die Funktion dieses Komplexes?

Was ist Sekretin, wo wird es gebildet und welche Wirkung kennen Sie von ihm?

Was verstehen wir unter Chondroitinsulfaten?
> Vorkommen. — Molekularer Aufbau: Verzweigte oder unverzweigte Ketten? — Unterscheidung mehrerer Chondroitinsulfate: Chondroitinsulfat B heißt auch Dermatansulfat und enthält anstelle der Glucuronsäure eine stereoisomere C_6-Säure. Aber welche? — Welche Verbindungsart zwischen Glucuronsäure und N-Acetyl-galaktosamin? — An welchen Molekelpositionen von Chondroitinsulfat A und C sitzen die Schwefelsäurereste? — Teilchengewicht. — Unterscheidungen dieser Mucopolysaccharide vom Kollagen. — Verbindung mit Eiweißen. — Austauschfunktionen für welche Kationen? — Beziehungen zur Knochenbildung.

Histamin und Histidindecarboxylase sind im Körper weit verbreitet. Welche Bedeutung kommen Enzym und Reaktionsprodukt zu?
> In welchen Organen und Zelltypen besonders angehäuft? — a) Gefäße und Blutdruck — b) glatte Muskulatur — c) Magensekretion. — Lagerhaltung in welcher Weise?

In welchen Ausscheidungsorganen und in welchen Formen wird überschüssiges Calcium ausgeschieden?

Durch welche Enzymreaktionen wird Histamin umgesetzt und dadurch desaktiviert?

Halten Sie das Cytoplasma nur deshalb für unstrukturiert, weil wir bis jetzt noch keine Strukturen elektronenmikroskopisch nachweisen konnten?

Was ist Serotonin und welche Wirkung kennen wir von ihm?

Die Vorphase der Blutgerinnung ist eine Kettenreaktion, an der die Fraktionen XII, XI, IX und VIII sowie Ca^{2+} beteiligt sind. Beschreiben Sie die Einzelvorgänge.

Zwei Enzymreaktionen führen vom Tryptophan zum 5-Hydroxytryptamin oder Serotonin. Welche sind das?

Der Name Heparin deutet darauf hin, aus welchem Organ es zuerst isoliert wurde. Welchen Aufbau besitzt die Reinsubstanz und welche Funktionen kennen Sie von ihr?
> Vorkommen in einem anderen Zelltyp. — Vermutete Bindungsart zwischen Glucuronsäure und Glucosamin. — Strukturanalogie

zu welchen anderen Heteroglykanen? — Wo sitzen die Sulfat-
reste? — Teilchengewicht. — Warum salzartige Bindungen an
Proteinen möglich? — Hemmungsmechanismen auf die Blutgerinnung. — Wieso „clearing factor"?

Was sind Bradykinine und welche Wirkungen haben sie?

Was wissen wir über biochemische Eigenschaften des sogenannten Hage-
mann-Faktors XII?
Welche Art von Proteid? — Enthält auch noch N-haltige niedermolekulare Säure und wirkt als Enzym.

Was ist Kallidin, zu welcher Stoffgruppe gehört es und welche Wirkung
besitzt es?

Unter welchen normalen oder pathologischen Bedingungen finden wir
im Harn Glucose, Galaktose, Fructose, Lactose und Pentosen?

Welche zeitlich gestaffelten Hormonwirkungen wandeln die inaktive in
die lactierende Milchdrüse um?

Was wissen Sie über den molekularen Mechanismus der Salzsäure-Bildung in den Parietalzellen der Magenschleimhaut?
Sie unterscheiden säuberlich was a) in den Parietalzellen selbst,
b) im Austausch zwischen diesen und dem Blut sowie c) im Austausch zwischen diesen und dem Magensaft geschieht. — Energiebedarf und Bereitstellung. — Welche Enzyme wirken mit? — Wie
reagiert die Salzsäure-Sekretion auf i. v. Zufuhr von Carbo-
anhydrase-Hemmer? — Welchen molekularen Prozeß kennt man
besser, den der H^+-Bildung oder den getrennt von ihm ablaufenden der Cl^--Bildung?

Beschreiben Sie anhand eines Schemas die in der lactierenden Milchdrüse ablaufenden wichtigsten Stoffwechselvorgänge.
a) Die zur Bildung der Milchfette führenden Vorgänge der Fettsäurensynthese und des Fettumbaus. — b) Bedeutung von Citratcyclus und Pentosephosphatweg für spezielle Aufgaben des Or-
gans. — c) Lactose-Synthese. — d) Milcheiweißbildung (Casein,
Lactalbumin, Lactoglobulin). — e) Immunoeiweiße. — f) Anorganische Ionen und Vitamine.

Ist Ihrer Meinung nach ein Calciummangel in der Welt weit verbreitet
oder spielt er eine nur untergeordnete Rolle für die Welternährungs-
probleme?

Was wissen Sie unter dem biochemischen Aspekt über Antigene auszu-
sagen?
Vollantigen, Haptene, Allergene, Spezifität, determinierende
Gruppen!

Beschreiben Sie die Feinstruktur der Zellmembran.
 „Sandwich".

Welche Beziehungen bestehen zwischen chemischem Aufbau von Bakterienzellwänden und immunologischen Eigenschaften von Bakterien?

Welche Aufgabe bei der gesamten Muskelfunktion schreibt man dem Tropomyosin zu?

Welche Bedeutung kommt den Thrombocyten bei der Blutgerinnung zu?

Welche Wirkungen der Hyaluronidase sind Ihnen bekannt?
 „Spreading factor" — Spezifitätsunterschiede zwischen tierischen und bakteriellen Enzymen. — Körpereigener Inhibitor.

Welche Struktureigentümlichkeiten der Zellmembran machen Sie für die selektive Permeabilität und den aktiven Transport von Metaboliten und Ionen in die und aus den Zellen verantwortlich, sowie für kontraktile Eigenschaften und Zell-Assoziationen?

Wie hoch ist die normale Konzentration der Plasmaproteine sowie die Gesamtmenge in einem 70 kg schweren Menschen?
 Kommen auch Plasmaeiweißkörper außerhalb des Blutgefäßsystems vor und in etwa welcher Gesamtmenge? Stehen diese mit den „aktuellen" Plasmaproteinen im dynamischen Gleichgewicht? In welchen Organen treffen wir diese Eiweißreserven an? — Wie hoch ist dann etwa die Gesamtmenge von „aktuellen" und „potentiellen" Plasmaeiweißkörpern?

Wievielmal kleiner als Tierzellen sind Bakterienzellen von Zylinderform mit 0,2—1 µ Durchmesser und 0,3—0,5 µ Länge? Mit welchen Zellorganellen der Tierzelle sind sie in diesen Dimensionen vergleichbar?
 Hält ein solcher Vergleich aber auch im Hinblick der Innerstruktur dieser Zellorganellen stand? Oder vielmehr im Hinblick auf andere Innerstrukturen von Tierzellen?

Welche Bedeutung kommt Osteoblasten und Osteoclasten für den Knochenstoffwechsel zu?
 Drei Vorgänge wirken bei der Ossifikation mit. Ein bedeutsames Enzym und ein Vitamin. — Bindung des Ca^{2+}? — Hypothetische Einzelschritte.

Beschreiben Sie ein Verfahren zur präparativen Gewinnung von Zellkomponenten wie Zellkerne, Mitochondrien, „Mikrosomen" und partikelfreiem Cytoplasma.
 Gewinnung eines Homogenats in a) isotonischer — b) hypertonischer Rohrzuckerlösung. — Partialzentrifugierung und deren theoretische Grundlage? — Was sind „Mikrosomen"?

Was wissen Sie vom Ecdyson?

Seine strukturelle Zuordnung und die hochinteressanten biologischen Funktionen als Genprodukt und sein Wirkungsmechanismus auf Gene — Molekularer Wirkungsmechanismus eines Hormons.

Welches Verfahren würde man zu Untersuchungen über die intracelluläre Lokalisation von Enzymaktivitäten anwenden?

1. Zellzerstörung durch Homogenisierung unter Anwendung welcher Geräte? — 2. Ein Teil der „Fraktionen" nach ihren physikalischen Eigenschaften wie Sedimentationskoeffizient, Dichte u. a., warum und welche „Fraktionen"? — 3. Analyse dieser Fraktionen auf Enzymaktivitäten (was sind „Enzymeinheiten"?). — 4. Interpretation der Ergebnisse aufgrund des Experimentalvorgehens. — Eine Hilfsfunktion können „Indicator-Enzyme" oder „Indicator-Substanzen" zur Identifizierung von intracellulären Partikeln oder Komponenten ausüben.

Spielt ADP eine Rolle bei der Blutgerinnung und welche?

Die Aufgabe des Gastrins, sein Bildungsort, die Bildungsbeeinflussung, kurz: der Regelkreis, an dem Gastrin beteiligt ist.

Durch welche Regulationsfunktionen wird der Phosphatspiegel des Blutes einreguliert?

Zwei Hormonfunktionen, ein Vitamin und eine Organfunktion.

Welche Zellhomogenat-„Fraktionen" dürfen die DNA-Replikase, die DNA-abhängige RNA-Polymerase sowie die Enzyme zur NAD-Biosynthese in niedrigen Aktivitäten enthalten und welche „Fraktion" muß sie in hoher Aktivität enthalten?

Die erste Phase der Blutgerinnung besteht in der Bildung des Thrombins aus Prothrombin. Beschreiben Sie diesen Vorgang.

Was für ein Eiweißkörper ist Prothrombin? — Durch welchen Vorgang erfolgt die Umwandlung?

Sind die Blutspiegel von Ca^{2+}, Mg^{2+} und HPO_4^{2-} altersabhängig oder über die gesamte Lebensperiode konstant?

Welche Zellhomogenat-„Fraktion" muß Succinat-Dehydrogenase, Cytochrom-Oxydase, Phosphoenolpyruvat-Carboxykinase sowie Malat-Dehydrogenase in hoher Aktivität enthalten und welche „Fraktionen" sollten sie nur geringfügig enthalten?

Was verstehen wir unter Acidose und Alkalose, und wie kommen solche Verschiebungen zustande?

a) respiratorisch — b) metabole Veränderungen (diabetische Acidose, metabole Alkalose).

Die zweite Phase der Blutgerinnung besteht in der Bildung von Fibrin aus Fibrinogen. Auch diesen Teilvorgang sollten Sie beschreiben.

In welcher Eiweißfraktion des Blutplasmas kommt Fibrinogen vor und in welcher Konzentration? — Teilchengewicht, Molekelform, d. h. Achsenverhältnis. — Zu welcher Proteinklasse gehört es? — Es enthält zwei Hexosen und eine Aminosäure gebunden. — Durch welchen Säurerest ist es stark sauer? — Mehrstufiger Umwandlungsprozeß Fibrinogen → Fibrin. Hierbei interessante biochemische Mechanismen.

In welcher Bande der Muskelfibrillen ist ATP lokalisiert?

Zwei Hauptfunktionen des Eisens im lebenden Organismus kennen Sie schon genau. Die eine ist mit Ladungswechsel verbunden, die andere nicht. Welche dieser beiden Funktionen war evolutiv früher angelegt?

Gibt es Enzyme, die in mehreren Zellhomogenat-„Fraktionen" anzutreffen sind?

Wie definieren Sie die Alkalireserve des Blutes? Welches Verfahren wird zu ihrer Bestimmung verwendet?

Welche Blutgerinnungsfaktoren werden in der Leber und welcher Faktor wird auch in Niere und Milz gebildet?

Welche Bedeutung kommt dem Glutamat für den Gehirnstoffwechsel zu?

Vorwiegend in der grauen Substanz ist eine besondere Decarboxylase vorhanden. — Welche Funktion schreibt man dem Decarboxylierungsprodukt zu? Wie erfolgt sein Abbau? Hier spielt eine Transaminierung mit, aber was ist Aminogruppen-Acceptor? — Der verbleibende organische Rest wird dann in was für einen Metaboliten umgewandelt? Er liegt im Hauptweg eines Cyclus.

Welche Bedeutung kommt den Hormonen von Epithelkörperchen, Hypophyse, Schilddrüse und Gonaden für den Knochenstoffwechsel zu?

Wie hoch ist der gesamte Körperbestand des ausgewachsenen Menschen an Eisen, wieviel davon entfällt auf Hämoglobin, und auf welche anderen Fe-haltigen Körperbestandteile verteilt sich der Rest?

Ist Lactat-Dehydrogenase ein typisches Cytoplasmaenzym oder ein typisches Mitochondrienenzym?

Welche Vorgänge spielen sich im einzelnen beim CO_2-Transport im Blute ab?

a) Die Ionisationsänderung des Hämoglobins — b) pH-Unterschiede zwischen arteriellem und venösem Blut — c) Bildung von Carbamino-Hämoglobin — d) physikalisch gelöstes CO_2.

Welchen pathologischen Zustand bewirkt das genetisch bedingte Fehlen des Anti-Hämophilie-Globulins VIII?

    Welche Form der Hämophilie? — Gibt es noch andere genetisch bedingte Hämophilien?

Nach dem Aktivierungsmechanismus von Chymotrypsinogen und Trypsinogen zu den enzymatisch aktiven Umwandlungsprodukten wurde bereits gefragt. Sie wiederholen jetzt und berichten weiter: pH-Optimum. — Wie erfolgt Neutralisation des sauren Mageninhaltes?

Wie kann man das in der Klinik nicht selten beobachtete Phänomen der Gewöhnung an bestimmte Arzneimittel biochemisch erklären?

    An welchen Zellorganellen der Leberzellen sind die Fremdstoff-metabolisierenden Enzymsysteme lokalisiert? — Ist ihre Aktivität stets konstant oder kann sie induktiv erhöht werden? Welche „Zubringer-Reaktion" spielt hier mit?

Der Kreatingehalt der Muskulatur beträgt 0,5% bzw. 20 mMol/kg. Welche funktionelle Aufgabe erfüllt eine solche in relativ hoher Konzentration vorkommende Substanz?

    Lohmann-Parnas-Reaktion, einbezogen in einige andere Funktionen. — Bildung und Vergleich eines Kreatinderivates und Kreislauf zwischen Leber, Muskel und Niere.

Was wissen Sie von den neutralen Mucopolysacchariden?

    Kommen also neben den „sauren" vor. Wo? — Zusammensetzungsunterschiede gegenüber den „sauren"? — Welche Kohlenhydrate anstelle der Glucuronsäure? — Was ist Neuraminsäure, auch ein Bestandteil der „neutralen"? — Beziehungen zwischen Mucoiden (Schleimsubstanz) und Glykoproteiden (Blutplasma)?

Was schließen Sie daraus, daß die Nervenzellkerne Anhäufung an cytoplasmatischen Nucleoproteiden und reichlich endoplasmatisches Reticulum (Nissl-Substanz) aufweisen?

Welche Hauptbestandteile finden wir in den Schleimstoffen?

    Zwei Haupttypen von Glykoproteiden.

Was ist Ferritin und was ist Hämosiderin?

    Welche Bedeutung haben sie für Transport und Speicherung des Fe? — Zu welcher Proteinklasse gehören sie? — Was ist Apoferritin? — Wo findet sich Ferritin hauptsächlich? — Wo trifft man Hämosiderin an?

Kommen „saure RN-ase", „saure DN-ase", „saure Phosphatase" sowie Kathepsin im Cytoplasma der Zellen höherer Säugetiere ubiquitär verteilt vor?

Beim CO_2-Transport im Blut spielt außer den physikalischen und physikochemischen Parametern auch eine Enzym-Aktivität eine große Rolle. Welche ist das und welche Funktion im Gesamtgeschehen hat sie?

Die dritte Phase der Blutgerinnung ist durch die Retraktion des Fibringerinnsels gekennzeichnet.
   Hierbei wirken Ca^{2+} und ein Fibrin-stabilisierender Faktor. Welche Vorgänge zwischen den einzelnen Fibrinfäden?

Was ist Carnosin und Anserin, wo kommen sie vor und was wissen wir über ihre Funktionen?

Was verstehen wir unter Fucomucinen und Sialomucinen?
   Gehören beide zu den Glykoproteiden. Der Name des ersteren deutet auf einen Hauptbestandteil hin, der eine Methylpentose ist. Wie heißt er? — Das gleiche gilt für die letztgenannte Stoffgruppe: das Synonymum für Acetylneuraminsäure. — Welche Molekelstelle besetzen diese beiden namengebenden Bestandteile? — Wie ist die Bindung des Kohlenhydratrestes an die Peptidkette?

Beschreiben Sie die Vorgänge auf molekularer Ebene, die sich an der Nervenzellenmembran bei Erregung abspielen.
   Was ist „Natriumpumpe"? Analoge Vorgänge bei Nerven und Markscheide. Transmitter-Substanz.

Durch welche Mechanismen paßt sich in der Zelle der O_2-Verbrauch dem Energiebedarf an?

Welche Bedeutung hat Transferrin für den Eisenstoffwechsel?
   Zu welcher Proteinklasse gehört es?

Welche Multi-Enzym-Systeme sind Ihnen bekannt und wo sind dieselben in der Zelle lokalisiert?

Auch Carnitin ist ein spezifischer, mit 20—50 mg-% (1,5—3 mMol/kg) in relativ hoher Konzentration vorhandener Muskelbestandteil. Was wissen Sie von Struktur, Biosynthese und Funktion des Carnitins?

Die Resorption des Eisens weist gegenüber derjenigen anderer Nahrungsbestandteile Besonderheiten auf. Bitte beschreiben Sie sie, sowie gleich auch den gesamten Eisenstoffwechsel.

Was sind Zymogene und in welchem Zelltyp treffen wir sie an?

Alles was Sie in der Morphologie über das Bindegewebe gelernt haben, rufen Sie sich jetzt ins Gedächtnis zurück und versuchen, es unter biochemischer Sicht zu sehen.
   Bindegewebe als Gewebssystem: Mechanische, trennende, abgrenzende, verbindende Funktionen! — Stoffaustausch, celluläre und

extracelluläre Flüssigkeit, Blutflüssigkeit. Die drei Hauptkomponenten des Bindegewebes.

Welche Störungen des Eisenstoffwechsels unter biochemischem Aspekt sind Ihnen bekannt?

Trypsinogen, Chymotrypsinogen, Lipase, Amylase und Ribonuclease kommen in bestimmten Granula bestimmter Zellen gemeinsam vor. In welchen?

Wie hoch ist im Durchschnitt der O_2-Gehalt des venösen Blutes?

Inwiefern weist der Eisenbedarf des Mannes und der Frau große Unterschiede auf?
>Bei welcher biologischen Funktion verliert die Frau das meiste Eisen und wie groß sind etwa diese Verluste im Vergleich zum täglichen Eisenbedarf der Frau und auch des Mannes?

Kennen Sie Unterschiede in bestimmten Enzymaktivitäten zwischen „rauhen" und „glatten" Mikrosomen?
>Was bezeichnen wir mit „rauh" und „glatt"? Diese Ausdrücke gebrauchen wir doch zur Unterscheidung bestimmter Bezirke des endoplasmatischen Reticulums. Was sind Mikrosomen?

Welche Wirkung hat Jodacetat auf den Muskelstoffwechsel?
>Ist ein Muskel nach parenteraler Jodacetatverabreichung noch kontraktionsfähig und bildet er hierbei noch Milchsäure? — Auf welchen Enzymprozeß wirkt Jodacetat als Inhibitor? Was folgern Sie daraus, daß ein mit Jodacetat vergifteter Muskel auch ohne Milchsäurebildung Kontraktionsarbeit zu leisten vermag?

Die metachromatische Färbbarkeit der Mastzellen beruht auf welchem Zellinhaltsstoff?

Der Eisenstoffwechsel ist eindeutig von der Zufuhr eines Spurenelementes abhängig. Von welchem?

Welche besonderen Zellwandbestandteile von gramnegativen und von grampositiven Bakterien kennen wir bis jetzt und von welcher Bedeutung sind diese Bestandteile für die antigene Wirkung dieser Bakteriengruppen?

Die Hydratisierung des CO_2 zur Kohlensäure wird durch Carboanhydrase katalysiert. Muß der Bildung des Carbamin-Hämoglobins ebenfalls eine Hydratisierung vorausgehen?

Als vierte und letzte Phase der Blutgerinnung bezeichnet man die Auflösung des Fibrins, die Fibrinolyse.
>Wie heißt das für diesen proteolytischen Vorgang verantwortliche Enzym? — Inaktive Form und Aktivatoren.

Welche Inhaltsstoffe des Darminhaltes werden im Dünndarm und welche im Dickdarm resorbiert?

Sind Ihnen „Entgiftungsreaktionen" an Steroidhormonen bekannt, die in der Leber ablaufen und in Form welcher Derivate trifft man sie im Harn an?

Welches ist die unmittelbare Quelle der Energielieferung für die Muskelkontraktion und welches ist die mittelbare Reserve?
　　Welche Rolle spielt hierbei die Kreatinkinase?

Welches biogene Amin und welches Gewebshormon sind in Mastzellen gespeichert?

Welche Bedeutung kommt der Acetylcholinesterase bei der Nervenzellentätigkeit zu?

Welche Bedeutung kommt dem Coeruloplasmin für den Transport eines Spurenelementes zu und für welches?

Was verstehen wir unter negativer Rückkopplung beim intermediären Stoffwechsel?
　　Sie müssen sich jetzt an das Phänomen der Allosterie rückerinnern. Und nun wählen Sie ein repräsentatives Beispiel der mehrstufigen Biosynthese einer Aminosäure, um an dieser Metabolsequenz das sehr wirkungsvolle Prinzip der Stoffwechselregulation darzustellen.

Kennen Sie einige Antibiotica, die bestimmte Stellen der Bakterienzellwände blockieren und dadurch „antibiotisch" wirken?

Beschreiben Sie die Gesamtvorgänge des Gastransportes durch das Blut anhand der sich in Gewebscapillaren und in Lungencapillaren abspielenden Vorgänge vom biochemischen Aspekt aus.

Bei Leberschäden kommt es zuweilen auch zu Störungen der Blutgerinnung durch Ausfall mehrerer Gerinnungsfaktoren. Welche von diesen werden in der Leber gebildet?

Kennen Sie eine auf Störung des Kupferstoffwechsels zurückgeführte Erkrankung des Menschen?

Inwiefern kann Phyllochinon-Mangel bei einseitiger insuffizienter Ernährung zu Störungen der Blutgerinnung führen?
　　Offenbar ist Phyllochinon für die Biosynthese von Gerinnungsfaktoren notwendig. Für welche?

Welche Bedeutung kommt der induktiven Enzymmehrbildung für Regulationsprozesse im Zwischenstoffwechsel zu?
Beispiel für Enzyminduktion durch Eigensubstrate und durch Fremdstoffe.

Ist Zink essentieller Bestandteil einiger Enzyme und welcher?

Welche Substanzen verwendet man zur Hemmung der Blutgerinnung: a) außerhalb des Organismus von Blutproben zur Analyse — b) im Organismus unter therapeutischem Aspekt?
Eine „biologische" Substanz kann man zu beiden Zwecken verwenden.

Was wissen Sie über das Renin-Angiotensin-System?
Ist Renin eine niedermolekulare oder hochmolekulare Substanz und welche Funktion hat es? — Hypertensinogen? Gibt es nur eine Form des Angiotensins? — Wie findet man die eine Form und welche allgemeinen Wirkungen kennen Sie von der anderen? — Hat dieses Renin-Angiotensin-System ausschließlich renale Bedeutung oder hat es auch Funktion in anderen Organen?

Auch Mangan ist Cofaktor für einige Enzyme. Welche kennen Sie?

Welche Konjugationspartner zur „Entgiftung" zahlreicher körpereigener oder körperfremder Stoffe (Arzneimittel oder -metabolite) sind Ihnen bekannt?
Nennen Sie auch gleich einige Beispiele solcher harnfähiger End- und Ausscheidungsprodukte.

Was wissen Sie von der chemischen Zusammensetzung und den biologischen Funktionen der intracellulären Grundsubstanz des Bindegewebes?

Inwiefern hemmen Oxalat und Citrat die Gerinnung von entnommenen Blutproben?

Welcher chemische Erregungsstoff spielt bei Erregungsübertragungen an neuromuskulären Synapsen und an Synapsen zwischen verschiedenen Neuronen eine Rolle?
Beschreibung des Systems auf histologischer und molekularer Ebene.

Kennen Sie eine Cobalt-haltige organische Verbindung, die biochemisch bedeutungsvolle Funktionen ausübt, und welche sind das?

Erythrocyten metabolisieren fast ausschließlich Glucose zur Energielieferung. Erfolgt letztere vorwiegend anaerob oder via einer Atmungskette aerob?
Verbrauchen Erythrocyten einen Teil des Sauerstoffs, den sie transportieren? — Enthalten Erythrocyten alle Enzyme der Glyko-

lyse? — Gibt es hier neben dem Hauptweg der Glykolyse noch einen Nebenweg? — Liefert dieser Nebenweg auch ATP wie der Hauptweg und welcher Phosphodiester spielt hier mit?

Beschreiben Sie die infolge eines Nachlassens der Salzsäure-Bildung im Magen auftretenden Verdauungsstörungen.

Beschreiben Sie die speziellen Abbauvorgänge an und Ausscheidungsprodukte von Sulfonamiden.

Welche Wirkungen haben Glucocorticoide auf die Biosynthese der Grundsubstanz des Bindegewebes?
> Denken Sie auch daran, daß bei den Prozessen der Wundheilung und der Callusbildung nach Knochenfrakturen ebenfalls der obige Vorgang beteiligt ist.

Inwiefern ist der geringe Sauerstoff-Eigenverbrauch der Erythrocyten sowohl zur Aufrechterhaltung der Funktionstüchtigkeit des Hämoglobins als auch der Zellstruktur von Bedeutung?

Die chemische Natur der Blutgruppensubstanzen, d. h. Bausteine, insbesondere die Anordnungen der determinanten Gruppen: Gemeinsames und Unterscheidendes.

Auf die Biosynthese der Grundsubstanz des Bindegewebes haben Mineralocorticoide eine entgegengesetzte Wirkung wie die Glucocorticoide. Welche ist das?

Was wissen Sie von einem Sympathicus-Wirkstoff?
> Es gibt außer diesem auch noch andere Überträgerstoffe an sensiblen Nervenendigungen zwischen den einzelnen Gehirnganglien.

Was wissen Sie über die Wirkungen von Thyroxin, Oestrogenen und Androgenen auf die Biosynthese der Grundsubstanz des Bindegewebes?

Was wissen Sie von Aufbau und Zusammensetzung eines Immunoglobulins?
> Die zwei Arten von Peptidketten in den Antikörpern. — Ihre Verknüpfungsart. — Wie entsteht eine Sechsfacheinheit? — Genetische Determinierung der beiden Kettenarten. — Antigen-Antikörper-Reaktion. — Bildungsorte der Antikörper.

Welche Rolle bei der Muskelkontraktion spielt die Adenylatkinase?
> Wichtige Aufgabe in der Ökonomie neben der Lohmann-Parnas-Reaktion. Beide Vorgänge in einem Schema darstellen.

Welches sind die hauptsächlichsten chemischen Bestandteile der Haut?

Die in der Erholungsphase nach der Muskelkontraktion ablaufenden Stoffwechselvorgänge.

Welche Funktionskomplexe führen zur Regeneration der beiden miteinander gekoppelten chemischen Energiespeicher? — Unter welchen Bedingungen funktioniert ein Muskel vorwiegend anaerob? — Aus welchen Einzelreaktionen bezieht er anaerob zunächst seine Speicherenergie? — Welche Stoffkonzentration limitiert die Arbeitsfähigkeit eines Muskels unter anaeroben Bedingungen? — Durch welchen Mechanismus erweitern sich die blutzuführenden Gefäße und versorgen somit den arbeitenden Muskel besser im Vergleich zum ruhenden? — Wie ändert sich der Muskelstoffwechsel, wenn nach Arbeitseinsatz dann auch der O_2-Antransport nachhinkend ansteigt? — Was muß nun auch noch antransportiert werden? Was muß abtransportiert werden, wenn die O_2-Zufuhr für die Arbeitsleistung des Muskels nicht ganz ausreicht?

In der Haut laufen drei wichtige Biosynthesen ab, über deren Mechanismen Sie berichten sollen: Keratin (hauptsächlichstes Charakteristikum), Melanin und Cholecalciferol (Vitamin D_3).

Bewahrt man eine Lösung von Hämoglobin an der Luft auf, so wandelt es sich langsam aber meßbar in Methämoglobin um. Welcher Mechanismus sorgt im intakten Erythrocyten dafür, das das Eisen des Hämoglobins stets im zweiwertigen Zustand vorliegt?

Wie hoch ist normalerweise der Methämoglobingehalt in den Erythrocyten? — Es gibt zwei Methämoglobin-Reductasen, die sich hinsichtlich der Coenzyme unterscheiden. Welche sind das?

Was wissen Sie über die sich beim Kontraktionsvorgang des Muskels abspielenden struktur- und funktions-chemischen Vorgänge?

Übersichtsdarstellung. Trotzdem Eingehen auf alle Einzelheiten.

Welche Aufgaben erfüllt das Glutathion in den Erythrocyten, in dem es zu 2—3 mMol/Liter vorkommt?

Es liegt fast ausschließlich in der SH-Form vor. Es existieren aber auch GSSG-Reductasen! — Welcher Dehydrierungsvorgang liefert letzten Endes die Reduktionsäquivalente für den vielstufigen Prozeß, alle SH-Gruppen sowohl des Glutathions als auch der Enzyme in den reduzierten Formen trotz des vorhandenen Sauerstoffs zu erhalten?

Welche biochemischen Verfahren zur Leberfunktionsprüfung sind Ihnen bekannt?

Was wissen Sie über die Bildung der Galle in der Leber und ihre Aufgabe im Darm?

Über Molybdän und Vanadium weiß man aus biochemischer Sicht noch wenig. Doch deuten einige Befunde darauf hin, daß auch sie als Spurenelemente benötigt werden. Was wissen Sie hierüber?

Was verstehen wir unter Hämolyse und welche Arten kennen Sie?
a) Durch Wasserinflux, aber wie bewirkt? — b) Welche Stoffklassen schädigen die Zellmembran? — c) Verminderung von ATP und Glutathion, wie und warum?

Die Symptome bei einer Obstipation sind auch aus biochemischer Sicht zu bewerten. Inwiefern?
Welche Stoffgruppen werden durch die Tätigkeiten der Darmbakterien gebildet? — Sind diese „giftig"? — Werden sie resorbiert und entgiftet und erscheinen solche entgifteten Umwandlungsprodukte im Harn? — Wie nachweisbar?

Herstellung: Konrad Triltsch, Graphischer Betrieb, Würzburg

Erschienene Bände der Heidelberger Taschenbücher

Bitte Gesamtverzeichnis der Reihe anfordern!